Ivanoel Marques de Oliveira

Ferramentas de Gestão para Agropecuária

1ª Edição

Av. das Nações Unidas, 7221, 1º Andar, Setor B
Pinheiros – São Paulo – SP – CEP: 05425-902

SAC 0800-0117875
De 2ª a 6ª, das 8h00 às 18h00
www.editorasaraiva.com.br/contato

Vice-presidente	Claudio Lensing
Gestora do ensino técnico	Alini Dal Magro
Coordenadora editorial	Rosiane Ap. Marinho Botelho
Editora de aquisições	Rosana Ap. Alves dos Santos
Assistente de aquisições	Mônica Gonçalves Dias
Editoras	Márcia da Cruz Nóboa Leme
	Silvia Campos Ferreira
Assistentes editoriais	Paula Hercy Cardoso Craveiro
	Raquel F. Abranches
	Rodrigo Novaes de Almeida
Editor de arte	Kleber de Messas
Assistentes de produção	Fabio Augusto Ramos
	Katia Regina
Produção gráfica	Sergio Luiz P. Lopes
Revisão	Clara Diament
Diagramação	Ione Franco
Capa	Maurício S. de França
Impressão e acabamento	Log&Print Gráfica e Logística S.A.

DADOS INTERNACIONAIS DE CATALOGAÇÃO NA PUBLICAÇÃO (CIP)
(CÂMARA BRASILEIRA DO LIVRO, SP, BRASIL)

Oliveira, Ivanoel Marques de
 Ferramentas de gestão para agropecuária / Ivanoel Marques de Oliveira. --
São Paulo : Érica, 2015.

Bibliografia
ISBN 978-85-365-1211-2

1. Administração rural 2. Agropecuária - Brasil 3. Economia agrícola I. Título.

14-13020   CDD-630

Índices para catálogo sistemático:
1. Planejamento e projeto agropecuário : Agricultura   630

Copyright© 2015 Saraiva Educação
Todos os direitos reservados.

1ª edição
2ª tiragem: 2017

Autores e Editora acreditam que todas as informações aqui apresentadas estão corretas e podem ser utilizadas para qualquer fim legal. Entretanto, não existe qualquer garantia, explícita ou implícita, de que o uso de tais informações conduzirá sempre ao resultado desejado. Os nomes de sites e empresas, porventura mencionados, foram utilizados apenas para ilustrar os exemplos, não tendo vínculo nenhum com o livro, não garantindo a sua existência nem divulgação.

A ilustração de capa e algumas imagens de miolo foram retiradas de <www.shutterstock.com>, empresa com a qual se mantém contrato ativo na data de publicação do livro. Outras foram obtidas da Coleção MasterClips/MasterPhotos© da IMSI, 100 Rowland Way, 3rd floor Novato, CA 94945, USA, e do CorelDRAW X6 e X7, Corel Gallery e Corel Corporation Samples. Corel Corporation e seus licenciadores. Todos os direitos reservados.

Todos os esforços foram feitos para creditar devidamente os detentores dos direitos das imagens utilizadas neste livro. Eventuais omissões de crédito e copyright não são intencionais e serão devidamente solucionadas nas próximas edições, bastando que seus proprietários contatem os editores.

Nenhuma parte desta publicação poderá ser reproduzida por qualquer meio ou forma sem a prévia autorização da Saraiva Educação. A violação dos direitos autorais é crime estabelecido na lei nº 9.610/98 e punido pelo artigo 184 do Código Penal.

CL 640738   CAE 572498

Agradecimentos

Agradeço aos meus queridos Adelaide, Gerson, Sara, Breno, Thalyne, Noemia, Tito, Taize e Taito, ao casal Antônio Feijão e Iraciara Araújo e ao professor Paulo Figueira. Estendo meu agradecimento também a todos os professores do Brasil, aqui representados pela professora Francini I. D. Ibrahin.

Agradeço ainda a Gerson Aires de Oliveira, que auxiliou na organização e envio das imagens.

Sobre o Autor

Ivanoel Marques de Oliveira é engenheiro agrônomo, especialista em Magistério Superior (Faculdade Internacional de Curitiba – Facinter), especialista em Perícia Ambiental (Universidade Federal Rural do Rio de Janeiro – UFRRJ) e Geoprocessamento e Georreferenciamento de Imóveis (Instituto Brasileiro de Gestão do Capital Intelectual – IBGCI-DF). É professor do Programa Nacional de Acesso ao Ensino Técnico e Emprego (Pronatec), geomensor, extensionista rural, analista de meio ambiental, com ampla experiência em licenciamento ambiental e regularização fundiária de imóveis.

Sumário

Capítulo 1 – Fundamentos de Métodos e Técnicas de Pesquisa na Agropecuária 9

    1.1 Em busca da solução 10

    1.2 E por que a participação de todos? 10

    1.3 Instrumentos importantes 11

    1.4 Pesquisas agropecuárias 11

        1.4.1 Sistema atual 12

        1.4.2 Antecedentes 12

        1.4.3 Estratégia global 13

        1.4.4 Sistema Nacional de Pesquisas por Amostragem de Estabelecimentos Agropecuários (SNPA) 15

    Agora é com você! 26

Capítulo 2 – Técnicas de Avaliação de Dados de Recursos Naturais na Região em que Será Implantado o Projeto Agropecuário 27

    2.1 Identificando o bem ambiental a ser avaliado 31

    2.2 Regime de proteção dos recursos naturais 36

        2.2.1 Constituição Federal de 1988 36

        2.2.2 Política Nacional do Meio Ambiente – Lei n.º 6.938/1981 38

        2.2.3 Resolução Conama n.º 01/1986 39

        2.2.4 Resolução Conama n.º 237/1997 42

        2.2.5 Política Nacional de Educação Ambiental – Lei n.º 9.795/1999 44

        2.2.6 Código Florestal – Lei n.º 12.651/2012 44

    2.3 Importância dos recursos naturais para o empreendimento agropecuário 53

    2.4 Principais métodos de avaliação de dados de recursos naturais 55

        2.4.1 Classificação dos valores dos recursos ambientais 56

    Agora é com você! 64

Capítulo 3 – Noções sobre Organização de Políticas para o Setor Agropecuário 65

    3.1 Política agrícola brasileira 66

        3.1.1 Setor agrícola 67

        3.1.2 Ações e instrumentos da política agrícola 73

        3.1.3 Outros destaques da política agrícola 95

        3.1.4 Desafios da política agrícola 97

  3.1.5 Política agrícola e reforma agrária 97

  3.1.6 Agronegócio e questão agrária 104

  3.1.7 O agronegócio e o desenvolvimento sustentável...107

  3.1.8 O Brasil e a reforma agrária 109

  3.1.9 A reforma agrária brasileira nos dias atuais...115

  3.1.10 Desenvolvimento do Brasil rural 119

 Agora é com você!...120

Capítulo 4 – Levantamento do Potencial Regional 121

 4.1 A produção de bem-estar 122

  4.1.1 Aproveitamento eficiente do empreendimento 123

  4.1.2 Finalidades e bens de um imóvel..123

 4.2 Gestão agropecuária 129

 4.3 Estabelecimento agropecuário e comunidade 130

  4.3.1 Ações que afetam o desempenho do estabelecimento..................................131

 4.4 Elementos principais do processo de gestão agropecuária sustentável 132

 4.5 Objetivos da gestão sustentável do estabelecimento agropecuário 135

  4.5.1 Coleta e registro de informações 135

  4.5.2 Definição de metas no estabelecimento agropecuário 136

  4.5.3 Planejamento das metas no estabelecimento agropecuário..........................136

  4.5.4 O papel da assistência técnica no planejamento das metas
  no estabelecimento agropecuário 137

 4.6 Gestão do estabelecimento agropecuário como um negócio 137

  4.6.1 A gestão dos recursos humanos para o estabelecimento agropecuário 137

  4.6.2 A gestão das compras e suprimentos para o estabelecimento agropecuário.....138

  4.6.3 A gestão das finanças para o estabelecimento agropecuário 138

  4.6.4 A gestão da produção no estabelecimento agropecuário 139

  4.6.5 A gestão da informação no estabelecimento agropecuário 139

  4.6.6 A gestão das vendas do estabelecimento agropecuário................................141

  4.6.7 O estabelecimento agropecuário e o mercado..141

 Agora é com você!...143

Bibliografia 144

Apresentação

Caro leitor, apresentamos este livro com o objetivo de contribuir com a sua capacitação, especialmente nos cursos técnicos (nível médio), cursos de formação inicial continuada, cursos de qualificação e certificação a partir de uma abordagem prática. O material didático tem o propósito de promover conhecimentos teóricos essenciais sobre o tema "Ferramentas de Gestão".

Trata-se de apresentar para o leitor um estudo prático, por meio de uma metodologia de fácil compreensão e com uma linguagem simples, capaz de envolver o aluno em assuntos teóricos e técnicos de modo mais objetivo.

O livro está dividido em quatro capítulos.

No Capítulo 1 são abordados os fundamentos de métodos e técnicas de pesquisa na agropecuária.

O Capítulo 2 apresenta as técnicas de avaliação de dados de recursos naturais na região em que será implantado o projeto agropecuário.

Já o Capítulo 3 trata das noções sobre organização de políticas para o setor agropecuário.

Por fim, o Capítulo 4 aborda o levantamento do potencial regional, contemplando a produção de bem-estar, o aproveitamento do empreendimento, a gestão agropecuária, na comunidade, os princípios do processo de gestão Agropecuária Sustentável, os objetivos da Gestão Sustentável do Estabelecimento Agropecuário, a definição de metas no estabelecimento agropecuário, o planejamento de metas no estabelecimento agropecuário, o papel da assistência técnica, da gestão do estabelecimento agropecuário como um negócio, da gestão dos recursos humanos, da gestão das compras e suprimentos, das finanças, da produção, da informação, das Vendas e do Mercado para esse estabelecimento Agropecuário.

Fundamentos de Métodos e Técnicas de Pesquisa na Agropecuária

Para começar

Neste capítulo vamos aprender sobre os métodos e as técnicas de pesquisa na agropecuária.

Para que as decisões do dia a dia sejam tomadas acertadamente é necessário que se tenha as informações corretas acerca do assunto que se quer decidir. Assim, por exemplo, um produtor rural não compra adubo para o seu solo sem antes receber o resultado da análise desse solo, o que lhe indicará as corretas quantidades de adubos necessárias para recompô-lo. Nesse exemplo, você pode observar a importância das informações corretas para a tomada de decisões.

Por isso é de grande importância a pesquisa agropecuária no Brasil, que se destaca atualmente no mundo como um dos primeiros países no setor do agronegócio e da agricultura familiar, mesmo tendo preocupantes problemas fundiários no campo. Mas, para chegar à respeitada posição de grande produtor de alimentos, muito suor foi derramado, incluindo aí muitas coletas de informações nos empreendimentos agropecuários através de pesquisas, conduzidas principalmente por órgãos estatísticos oficiais. Essas pesquisas foram e são ferramentas estratégicas no desenvolvimento sustentável do setor agropecuário brasileiro.

Assim, os estudantes e profissionais desse setor devem incluir na sua formação curricular o conhecimento dos métodos e técnicas utilizados na pesquisa agropecuária.

Figura 1.1 – Estabelecimento agropecuário: origem de dados agropecuários.

O estabelecimento agropecuário pode ser conceituado como sendo todo o imóvel de área contínua, urbano ou rural, subdividido ou não, sob o domínio de um produtor ou administrador, no qual se realizam explorações agropecuárias.

1.1 Em busca da solução

A base da gestão agropecuária sustentável são as informações coletadas.

Para que constituam uma amostra representativa e sejam suficientemente confiáveis, permitindo aos usuários utilizá-las nas tomadas de decisões, essas informações devem ser produzidas sob dois pilares, que são:

» a participação de todos os envolvidos na geração das informações;
» a geração dessa informação de maneira continuada.

Lembre-se

Diariamente o homem do campo, como todos os demais, é obrigado a tomar decisões, e estas devem ser acertadas para que o empreendimento não sofra solução de continuidade. Mas na realidade nem sempre é assim, porque para se tomar decisões acertadas somente as boas intenções não são suficientes, e é necessário o conhecimento da realidade. E aí estão incluídos os dados levantados em pesquisas tecnicamente elaboradas.

1.2 E por que a participação de todos?

A participação de todos é necessária porque se chegou à conclusão de que os crescentes problemas de natureza social e ambiental originados pelos sistemas de produção hoje dominantes têm despertado uma nova visão sobre os conhecimentos e sistemas de produção chamados tradicionais, em que o reconhecimento da multiplicidade de atividades, de métodos de cultivos, devido à diversidade de recursos naturais e de culturas, oferece respostas mais reais para a solução desses problemas.

Nota-se que as formas de gestão e de uso dos recursos dependem do conhecimento dos agricultores ou produtores rurais. Esse conhecimento define o sistema de produção a ser adotado. Se não for permitido o uso de metodologias baseadas no conhecimento tradicional dos agricultores ou produtores, o modelo produtivista dominante continuará em busca da produção pura e simples, sem levar em conta as complexas e inseparáveis relações existentes entre a produção, o meio ambiente e os animais (entre eles o próprio homem).

Uma vantagem auferida com a participação de todos é a geração de tecnologias limpas, que melhor se ajustam à dinâmica do ambiente, pois os conhecimentos locais ou tradicionais descobertos e aproveitados contribuem com o aumento da produtividade sem desprezar a manutenção da qualidade do ambiente.

A metodologia alternativa utilizada para se obter informações deve contemplar a integração dos diferentes atores. O conhecimento de cada um deve ser complementar dentro do todo e contribuir para o sucesso de todas as atividades.

A pesquisa não deve privilegiar uma atividade em detrimento de outras. Pelo contrário: deve ser feita de modo a permitir a produção de conhecimento baseada nas relações de cooperação, de respeito mútuo e de cultivo da ética.

Outro conhecimento importante trazido pela pesquisa é a descrição das externalidades fruto do desenvolvimento das atividades produtivas, que devem ser custeadas pelos produtores beneficiados com a utilização dos recursos do meio ambiente.

Como exemplos de externalidades têm-se: o justo pagamento pela utilização da água na propriedade, a correção e adubação do solo, a disponibilidade de áreas utilizadas ao regime de pousio, o manejo e a conservação do solo, o pagamento por outros serviços ambientais como manutenção de áreas de floresta preservada etc.

Isso tudo reflete um posicionamento multidisciplinar, diversificado, sem privilégio de um sistema de produção sobre outro, no qual há espaço para a agricultura tradicional, para a agricultura familiar e para o agronegócio, e onde o entendimento e a negociação de todos os atores devem nortear o desenvolvimento sustentável.

1.3 Instrumentos importantes

A metodologia de uma pesquisa deve mostrar como ela será feita, o porquê da escolha do método e o seu objetivo, ou seja, a quem vai beneficiar. No caso, aqui se espera beneficiar a vida em todas as suas formas,[1] seu ambiente e a economia.

1.4 Pesquisas agropecuárias

Este capítulo toma por base as definições assentadas na proposta de sistema nacional de pesquisas agropecuárias por amostragem de estabelecimentos agropecuários, apresentada pelo Instituto Brasileiro de Geografia e Estatística (IBGE).

---

[1] A Lei nº 6.938/81, que disciplina a Política Nacional do Meio Ambiente, define meio ambiente como: "o conjunto de condições, leis, influências e interações de ordem física, química e biológica, que permite, abriga e rege a vida em todas as suas formas".

1.4.1 Sistema atual

Atualmente, as pesquisas agropecuárias contínuas do IBGE são, em grande maioria, subjetivas e cadastrais.

Nas pesquisas cadastrais são preenchidos cadastros dos dados de produção.

Nas pesquisas subjetivas a informação é obtida de forma indireta, em consultas a especialistas ou a registros nos respectivos órgãos de controle, onde são levantados dados municipais das produções agrícola, pecuária e florestal (silvicultura e extrativismo).

Mensalmente faz-se o acompanhamento da produção agrícola em nível estadual.

Não há, nas pesquisas subjetivas, uma forma padronizada de obtenção do dado estatístico na coleta de informações municipais. Assim, as informações provenientes dos censos agropecuários, apuradas através das pesquisas subjetivas, nem sempre estão de acordo com as obtidas diretamente do produtor rural.

Essa metodologia leva o IBGE a apresentar dados distintos sobre a produção agropecuária, e os dados censitários coletados são muitas vezes usados para corrigir dados de estimação subjetiva mais complexa.

Assim, apesar de as pesquisas subjetivas não terem estabelecido uma produção contínua e robusta de dados amostrais devidamente representativos, o censo obtido com os dados dessas pesquisas oferece anualmente informações satisfatoriamente precisas em nível de município.

Por essa razão, pode-se adotar um sistema que contemple a convivência do uso da metodologia de pesquisas subjetivas integrado com pesquisas amostrais estatisticamente representativas. Assim se avança em qualidade na obtenção e apresentação dos dados e, ao mesmo tempo, continua-se aproveitando a base de coleta de informações existente.

Nesse sentido, o IBGE propõe, a partir de 2007, a implantação de um Sistema Nacional de Pesquisas por Amostra de Estabelecimentos Agropecuárias (SNPA) no qual o produtor entrevistado diretamente na pesquisa faz parte de uma amostra representativa dos estabelecimentos agropecuários. Essa implantação indica o início da interação do sistema de pesquisas contínuas com o Censo Agropecuário. Este, por sua vez, cobre exaustivamente o território para, assim, investigar todos os estabelecimentos agropecuários, constituindo-se, portanto, no pleno levantamento da estrutura e atividade agropecuárias de cada ano censitário.

1.4.2 Antecedentes

Para se chegar a essa formatação, que contempla a investigação direta do produtor agropecuário, permitindo a interação do sistema de pesquisas contínuas com o Censo Agropecuário, o IBGE recorreu a experiências em pesquisa da agropecuária por amostra, acumuladas desde o final da década de 1950. Também foram importantes nesse processo a participação em debates e as constantes trocas de informações com instituições afins, no Brasil e no exterior. Como exemplos, citam-se a Organização para a Agricultura e Alimentação (FAO) e a Divisão de Estatística das Nações Unidas (UNSD).

A Comissão Estatística das Nações Unidas e a Organização para a Agricultura e Alimentação (FAO) propõem e recomendam o aumento da importância e aprimoramento das estatísticas agropecuárias e sua utilização nas pesquisas. E assim tem sido, impulsionado inclusive pela diminuição da oferta de alimentos, acentuada no último decênio.

Nesse cenário, em que as populações mais pobres espalhadas pelo mundo são as mais atingidas, a busca por estatísticas que reflitam dados cada vez mais reais sobre produção e disponibilidade de alimentos no mundo intensificou os esforços em direção ao aprimoramento das estatísticas agropecuárias.

Embora se constatasse que era necessário um sistema estatístico mais adequado de levantamento de dados agropecuários, o que se tinha na prática era só o Censo Agropecuário, única pesquisa regular abrangente que investiga o estabelecimento agropecuário e o produtor rural.

Em 2006 o Censo Agropecuário abordou temas ambientais – como uso de agrotóxicos, destino de resíduos, práticas conservacionistas –, temas econômicos – como crédito, receitas de origem não agrícola, receitas obtidas fora do estabelecimento – e temas sociais – como nível educacional, sexo e idade, trabalho etc.

Entretanto, convivia-se com entraves capazes de impedir o Censo Agropecuário de atingir seus objetivos. Entre esses entraves há: o grande contingente de entrevistadores temporários, com pouca experiência e com treinamento insuficiente; e a ênfase desproporcional sobre alguns temas em relação a outros que não foram contemplados em função da utilização de questionário sem abordagem padronizada, ou seja, a elaboração do questionário foi comprometida, dificultando o tratamento e a mensuração necessários de algumas variáveis.

A periodicidade de realização do Censo Agropecuário também tem sido fator muito limitante no processo de obtenção das informações agropecuárias, pois as operações da complexidade e envergadura são realizadas apenas decenalmente, enquanto esses tipos de informações, pela sua alta variabilidade no setor agropecuário, aliada à necessidade de acompanhamento continuado, necessitam de levantamentos estatísticos no estabelecimento agropecuário num menor período de tempo.

Se está constatado que se devem aprimorar as estatísticas agropecuárias é porque, de alguma forma, se acordou sobre a deterioração da eficiência das estatísticas agropecuárias em todo o mundo.

Assim, após intensas rodadas de seminários, reuniões e estudos, especialmente a partir de 2008, foi criado um grupo de trabalho para elaborar um plano estratégico para melhorar as estatísticas agropecuárias. Este, então, apresentou o documento "Estratégia Global para Aperfeiçoamento das Estatísticas Agrícolas".

1.4.3 Estratégia global

Esse documento amplia os temas que devem ser abordados nas estatísticas agropecuárias que abrangem a segurança alimentar, o uso da água e da biodiversidade, a geração de energia renovável, as mudanças climáticas e o desenvolvimento do meio rural.

Objetivos importantes assentados no documento Estratégia Global:

» Integração das estatísticas agropecuárias ao sistema estatístico nacional.

» Constituição de uma amostra mestre que permita a ligação entre unidades estatísticas de interesse:

(a) o estabelecimento agropecuário;

(b) o domicílio;

(c) a parcela de terra, contemplando-se aí as dimensões econômica, social e ambiental.

Essa amostra mestre constitui um sistema integrado de pesquisas por amostragem, estatisticamente representativa, com vários objetivos. Essa característica otimiza a entrevista com os produtores informantes e proporciona múltiplas análises das informações coletadas.

» Geração de estatísticas a partir da análise dos requerimentos de dados, sob a coordenação do sistema integrado de pesquisa agropecuária.

Esses dados compreendem: resultados econômicos e de produtividade, valoração dos serviços ambientais, aspectos sociais e dados da produção agropecuária.

Em resumo, são três os pilares da proposta Estratégia Global, como veremos a seguir.

1.4.3.1 Pilar 1: conjunto mínimo de dados

Utiliza-se um conjunto mínimo de dados. Identificados como dados básicos, são selecionados pela sua importância econômica, para o bem-estar das famílias envolvidas e pelos seus impactos ao meio ambiente.

Quadro 1.1 – Dados básicos

Itens	Variáveis	Itens Coletados
Econômicos	Culturas	Áreas plantada e colhida, produção e produtividade, estoques no início da colheita, área irrigada, preço ao produtor e ao consumidor, quantidade destinada a autoconsumo, para alimento, ração animal, semente, fibra, óleo alimentício, bioenergia, comércio exterior líquido, condições das culturas e precipitação pluviométrica.
	Animais	Plantéis efetivos, nascimentos anuais, produções de carne, leite, ovos e lã, comércio exterior líquido, preços ao produtor e ao consumidor.
	Silvicultura	Área florestada, área desmatada e preços praticados.
	Insumos agrícolas	Quantidades de fertilizantes e biocidas utilizados, água e energia consumidos, estoque de capital, número de pessoas em idade de trabalho, discriminadas por gênero, número de empregos contratados pelos estabelecimentos; emprego de membros da família no estabelecimento.
Sociais	Pessoas envolvidas	Renda agrícola familiar, periodicidade da renda, número de famílias, emprego, população total, idade, gênero e nível educacional.
Ambientais	Solo, água e ar	Cobertura do solo, poluição da água e emissões gasosas.

1.4.3.2 Pilar 2: integração ao sistema estatístico nacional

O sistema de pesquisa agropecuária deve ser integrado ao sistema estatístico nacional. Essa integração será acompanhada pelo desenvolvimento de um cadastro de amostra mestre para a agricultura, valendo-se da utilização de censos e registros administrativos em um sistema de gerenciamento de dados. A coleta de dados será coordenada continuamente, o que garantirá a produção de dados confiáveis que podem ser utilizados para avaliar a contribuição de novos dados produzidos, fazendo com que as estatísticas agropecuárias atinjam seu grande objetivo como uma poderosa ferramenta de gestão das atividades rurais, que é subsidiar os produtores rurais, os órgãos oficiais, o mercado e os governos nas necessárias e cotidianas tomadas de decisões.

1.4.3.3 Pilar 3: sustentabilidade pela governança e capacidade estatística

O pilar 3 da proposta Estratégia Global objetiva unir as instituições governamentais que coletam dados agrossilvipastoris, sob um Conselho Nacional de Estatística.

Para chegar a esse patamar, propõe-se investir na capacitação e na formação de recursos humanos nas áreas do conhecimento estatístico e de suporte operacional, principalmente em centros regionais de excelência, que devem fortalecer e manter o cadastro de amostra mestre.

Fique de olho!

Um sistema agrossilvipastoril é aquele formado pelo cultivo consorciado de agricultura, com silvicultura (espécies florestais cultivadas) ou floresta nativa e criação de animais.

1.4.4 Sistema Nacional de Pesquisas por Amostragem de Estabelecimentos Agropecuários (SNPA)

A grande dimensão do setor de agronegócio brasileiro, incluídas aí a agricultura familiar e a agropecuária de exportação como soja, frango, laranja, suíno, café, bovino etc., abrangendo volumes de produção, de captação de recursos financeiros, de geração de empregos e renda, tem obrigado as instituições, tanto públicas como privadas ligadas a esse setor agropecuário, a se unirem através da criação de um sistema nacional em que os dados coletados sejam reunidos, organizados e processados para servirem ao setor agropecuário com valiosas informações. Tais dados subsidiam as necessárias e numerosas tomadas de decisões, especialmente no caso dos produtos *commodities*, como a soja e o arroz, cujos preços dependem da demanda e oferta mundiais.

Apresentamos aqui as características gerais de concepção dos objetivos do Sistema Nacional de Pesquisas por Amostragem de Estabelecimentos Agropecuários (SNPA).

1.4.4.1 Objetivos

Podem-se elencar três objetivos principais do SNPA:

» criar infraestrutura permanente para pesquisas por amostragem de estabelecimentos agropecuários. Lembre-se de que as pesquisas agropecuárias devem ser contínuas;

» instituir pesquisas inteligentemente formuladas, de maneira que acomodem vários objetivos (escopo amplo), para serem utilizadas no levantamento contínuo;

» utilizar amostras probabilísticas baseadas na coleta de dados individuais submetidos a métodos estatísticos rigorosos, para produzir dados agropecuários contínuos, com o máximo de acurácia e precisão.

Assim, se obterá um sistema de pesquisa contínuo, integrado aos levantamentos censitários, pois a unidade de investigação básica é a mesma: o Estabelecimento Agropecuário e o Censo Agropecuário servem como a principal base de construção e atualização de seus sistemas de referência.

1.4.4.2 Unidade de investigação

Desde o censo de 1950, a unidade de investigação utilizada nos censos agropecuários é o estabelecimento agropecuário.

Fique de olho!

Estabelecimento agropecuário é também uma unidade de produção, a partir de atividades agropecuárias, florestais e/ou aquícolas, ainda que parcialmente, sob uma administração que pode ser exercida diretamente pelo próprio produtor ou por um administrador.

1.4.4.3 Identificação e tipos de estabelecimentos agropecuários

Para identificar um estabelecimento agropecuário, deve-se ter em mente o objetivo da cobertura censitária e que a coleta de registros e informações deve ser feita apenas uma vez em cada campanha, ou seja, sem repetição, itens fundamentais para que as informações censitárias coletadas façam parte de sistemas de referência.

O conceito de estabelecimento agropecuário permite a organização de unidades de observação identificadas com as efetivas unidades de gestão e de organização da atividade agropecuária, sabendo-se que no ambiente rural há múltiplas formas e tipos de organizações institucionais responsáveis pela produção agropecuária.

Podem-se encontrar muitos tipos de estabelecimentos agropecuários:

» empresas agropecuárias, formalmente constituídas, com atuação em um único local;

» filiais de empresas agropecuárias, formalmente constituídas;

» unidade avançada de filial da empresa agropecuária formalmente constituída. Como exemplo, tem-se: área agrícola contida em unidades locais de institutos de pesquisa, de hotéis etc.;

» unidades locais agropecuárias de empresas industriais, formalmente constituídas, por exemplo, fazendas de pecuária com frigoríficos etc.;

» terras ou propriedades rurais arrendadas a empresas formalmente constituídas, não registradas como unidades locais;

- » empresas agropecuárias não formalmente constituídas com atuação em área confinante própria (ou seja, sítios e fazendas) com produção agropecuária, em nome de produtor pessoa física, assim como terras arrendadas ou ocupadas, exploradas por empresário pessoa física;
- » empresas agropecuárias não formalmente constituídas, com atuação em duas ou mais parcelas de terras próprias, arrendadas e/ou ocupadas, localizadas em um mesmo setor censitário;
- » estabelecimento agropecuário de caráter familiar, em área confinante de terras próprias, arrendadas e/ou ocupadas;
- » estabelecimento agropecuário de caráter familiar (não empresarial), constituído por duas ou mais parcelas de terra não confinantes, consideradas em um mesmo setor censitário;
- » estabelecimentos de exploração agropecuária coletiva, como aldeias indígenas e assentamentos rurais;
- » estabelecimentos sem área: produtores agropecuários não vinculados a uma área de terra específica, tais como aqueles que cultivam em áreas de vazante e aqueles que se dedicam à extração vegetal em terras públicas ou de terceiros.

> **Amplie seus conhecimentos**
>
> Quando o estabelecimento agropecuário é moradia do produtor e de sua família, é identificado como um domicílio.

Parte dos estabelecimentos agropecuários constitui domicílios rurais e/ou domicílios agrícolas.

É incontável o número das unidades (domicílio e estabelecimentos agropecuários) recenseáveis no Censo Agropecuário.

Os estabelecimentos agropecuários podem ser chamados de unidades de produção agropecuária. Assim, reforça-se que, para se ter uma gestão sustentável nessas unidades de produção, com alta produtividade, conservação do meio ambiente e plena satisfação dos proprietários, empregados e clientes, é importante contar com um sistema de pesquisa elaborado de maneira tal que englobe aspectos desses estabelecimentos, capaz de subsidiar os gestores para tomadas de decisões acertadas nos campos da organização social, da produção agropecuária e da conservação ambiental. Mas não é tarefa fácil elaborar um sistema de pesquisa que contemple todos esses vieses dos empreendimentos rurais.

1.1.1.1 Infraostrutura estatística

Lembre-se de que a Estratégia Global, no seu pilar 3, traz como proposta a sustentabilidade pela governança e capacidade estatística, que objetiva a união das instituições governamentais de estatísticas agropecuárias sob um Conselho Nacional de Estatística e a capacitação e formação de recursos humanos nas áreas do conhecimento estatístico e de suporte operacional para, entre outras coisas, manter o cadastro de amostra mestre. Aí reside um vasto campo a ser aproveitado por jovens estudantes, que engloba as áreas de estatística, administração, economia, contabilidade e, do mesmo modo, todas as profissões ligadas à área de gestão.

O SNPA, por sua vez, e seguindo na mesma direção da Estratégia Global, também tem como um dos seus principais objetivos a criação de infraestrutura permanente para pesquisas por amostragem de estabelecimentos agropecuários. Nesse sentido, o IBGE está operando uma transição na sua infraestrutura e nos seus instrumentos de pesquisa.

Esse fato ficou evidente na integração da contagem de população em 2007 com o Censo Agropecuário de 2006, em que também ocorreu o registro simultâneo da localização e do endereço dos domicílios rurais e dos estabelecimentos agropecuários do país.

Destaque também deve ser dado à utilização de aparelhos registradores, equipados com receptores do sistema de posicionamento global (GPS), que obtêm coordenadas de localização das unidades investigadas nas áreas rurais. A malha de setores censitários direcionou todo o processo, em que se observaram os limites territoriais das estruturas administrativas territoriais, biomas e bacias hidrográficas. O resultado final compõe uma base que é, a rigor, um instrumento de integração.

Vale aqui destaque para o grande avanço alcançado pela introdução de aparelhos receptores do sistema de posicionamento global (GPS) na coleta de informações como complemento às pesquisas em campo, pois as coordenadas registradas, ao indicar os estabelecimentos agropecuários, garantem também que não haverá sobreposição de localização, ficando assim mais difícil haver repetição no registro de informações agropecuárias durante a pesquisa, além de possibilitar a obtenção de outras informações, desde que esses pontos coletados sejam armazenados em uma base de dados cartográficos. Por exemplo: se o governo quiser desenvolver um programa para aumentar a produção de uma cultura somente nos estabelecimentos com menos de 15 hectares localizados em determinado município, esse dado pode ser obtido por meio do geoprocessamento, acessando-se a base de dados armazenados com os pontos de GPS, porque a cada ponto armazenado é relacionado um grupo de atributos, como, por exemplo, o tamanho da área daquele estabelecimento agropecuário, a área ocupada com cada cultura ali cultivada, o número e a espécie de animais ali criados etc.

Fique de olho!

Geoprocessamento é a área do conhecimento que utiliza técnicas matemáticas em computadores para descrever e representar processos que ocorrem no espaço geográfico, utilizando dados anteriormente armazenados em Sistemas de Informação Geográfica (SIG).

1.4.4.5 Censo Agropecuário

A principal fonte para a criação de infraestrutura básica em pesquisa agropecuária é o Censo Agropecuário. É nele que se buscam as estatísticas agropecuárias para o ano censitário.

No Censo Agropecuário, as estatísticas agropecuárias se encontram distribuídas aleatoriamente por todo o território pesquisado de acordo com as atividades, com as formas de organização da produção etc. Ou seja, alcançam todos os eventos.

Como o Censo Agropecuário, pela metodologia que lhe permite abranger todo o território nacional, alcança quase que a totalidade dos eventos do setor rural, ele se torna fundamental para o Sistema Estatístico Nacional. Inclui-se aí sua importância para a realização continuada de pesquisas por amostragem de estabelecimentos agropecuários. Em outras palavras, o Censo Agropecuário possibilita que o cadastro de estabelecimentos seja totalmente atualizado periodicamente e que os sistemas de referência para pesquisas contínuas por amostragem probabilística em agropecuária sejam constituídos a partir de elementos fornecidos por esse censo.

1.4.4.5.1 Cadastro de lista

O cadastro de lista é realizado a partir do Censo Agropecuário, a base que fornece dados para a implantação do Cadastro de Estabelecimentos e Produtores Agropecuários (Cepa). Esse item é essencial na implementação de pesquisas por amostragem que tenham como unidade de investigação o estabelecimento agropecuário.

O Cepa traz a identificação dos produtores agropecuários e a caracterização dos estabelecimentos, bem como as informações de contato dos gestores dessas unidades de produção para efeito de investigação estatística. Ele deve ser periodicamente atualizado com informações do campo para sempre refletir a realidade em que se encontra o setor agropecuário.

1.4.4.6 Período intercensitário

A atualização do cadastro no período intercensitário, ou seja, no período entre dois censos, é feita por maio da utilização de outras fontes, como cadastros existentes em outras instituições que coletam dados em estabelecimentos e produtores agropecuários.

Para a atualização nesse período intercensitário demanda-se muito trabalho e dedicação, pelo fato de as fontes não serem as mais adequadas.

1.4.4.7 Cadastro de área

Composto por setores censitários, o cadastro de área consiste na organização de áreas territoriais que são os territórios investigados nas operações de varredura.

Cada setor censitário compreende uma área territorial com uma média de 61 estabelecimentos com atividades agropecuárias, que é a quantidade passível de ser investigada, em entrevistas, por um único recenseador, num determinado período de tempo.

Identifica-se um setor censitário pelos limites administrativos legais, por pontos de referência estáveis e de fácil identificação. Também foram incluídos na malha de setores censitários do IBGE biomas, bacias hidrográficas, áreas indígenas e áreas de conservação.

O cadastro de área é composto pelo conjunto de setores com atividade agropecuária mais as informações do censo sobre a estrutura agropecuária.

A realização periódica do Censo Agropecuário serve para a renovação do cadastro de setores censitários com informações agropecuárias, mas no período intercensitário a amostra dos setores eleitos para serem pesquisados deve ser representativa. Assim, a atualização dos setores evidencia a contento as sucessivas mudanças agropecuárias no território.

1.4.4.8 O Sistema Nacional de Pesquisas por Amostragem de Estabelecimentos Agropecuários (SNPA)

As duas pesquisas básicas, as pesquisas especiais e os suplementos, que compõem o Sistema Nacional de Pesquisas por Amostragem de Estabelecimentos Agropecuários (SNPA), são responsáveis pela obtenção permanente de informações agropecuárias, obtidas através de pesquisas feitas por amostragens estatisticamente representativas nos estabelecimentos agropecuários.

A criação do SNPA foi, de certa forma, resultado da constatação de que as atividades agropecuárias são heterogêneas e distribuídas irregularmente, assim como a sua produção, ao longo do ano e em quantidade. A multiplicidade de aspectos de interesse requer um sistema de pesquisa estatística com algumas características especiais, isto é, para atender à necessidade nacional de dados agropecuários, faz-se necessário o estabelecimento de um sistema estatístico de pesquisa agropecuária capaz de integrar um conjunto de pesquisas.

A integração da pesquisa sobre a atividade agropecuária e a pesquisa sobre a produção agropecuária é prevista no SNPA por meio de levantamento cadastral. Sua infraestrutura estatística possibilita a realização de pesquisas especiais de aplicação eventual que são feitas sob procedimento de amostragem classificado como extraordinário.

1.4.4.9 Abrangência de investigação do SNPA

O SNPA investiga, com suas pesquisas básicas, todo o conjunto dos estabelecimentos agropecuários do país, com exceção das hortas e criações domésticas, chácaras de lazer, estabelecimentos sem terra, quintais, hotéis-fazenda, instituições de ensino e estabelecimentos afins.

Essas pesquisas básicas utilizam as amostras estatisticamente representativas de estabelecimentos agropecuários, o que possibilita a cobertura de todo o universo de estabelecimentos agropecuários.

Fique de olho!

As fontes de pesquisas do Censo Agropecuário excedem as fontes de pesquisas do SNPA, porque o Censo Agropecuário atua também em estabelecimentos sem terra, instituições de ensino e estações experimentais, unidades essas de características excepcionais.

1.4.4.10 Abrangência geográfica do SNPA

Como visto anteriormente, a abrangência do SNPA inclui todo o território nacional, sempre garantindo a precisão necessária dos dados coletados. O sistema leva em conta níveis de desagregação inferiores, delimitados de acordo com a importância e a distribuição dos fenômenos investigados.

Assim, a desagregação equivalente ao território delimitado por características naturais é o domínio de maior nível, e corresponde aos biomas brasileiros. As Unidades da Federação são as desagregações que vêm em segundo lugar. Dentre elas, são mais importantes aquelas onde ocorrem as maiores amostras de atividade ou produto objetos da pesquisa.

> **Fique de olho!**
>
> São exemplos de biomas brasileiros: floresta amazônica, cerrado, caatinga, pantanal.

1.4.4.11 Pesquisa e amostra

As pesquisas do SNPA são feitas após a definição do tamanho das amostras das unidades selecionadas. As unidades agropecuárias selecionadas no âmbito do SNPA fazem parte do cadastro de amostra de área e do cadastro de amostra de lista. A amostra de área cobre todo o território, e a amostra de lista garante a inclusão da relação mínima necessária para a eficiência das pesquisas.

Na amostra de área os levantamentos nos setores selecionados a partir de uma amostra mestra identificam os estabelecimentos mais estáveis e os menos estáveis.

A amostra de lista se preocupa com os grandes estabelecimentos espalhados no território. Essa amostra é atualizada através de amostragem oriunda do cadastro básico de seleção (CBS), que, por sua vez, é gerado anualmente a partir do cadastro de lista atualizado.

1.4.4.12 Sequência de pesquisas

O ciclo de pesquisa do SNPA dura 24 meses e compreende três fases:

- » 1.ª fase: pesquisa cadastral.
- » 2.ª fase: pesquisa Nacional da Produção Agropecuária (PNPA).
- » 3.ª fase: pesquisa Nacional da Atividade Agropecuária (PNAG).

A 1.ª fase da pesquisa ocorre no segundo semestre de determinado ano, e tem como data base a data da pesquisa; a 2.ª fase comporta 4 levantamentos trimestrais referidos ao ano civil x+1, ou seja, logo no segundo ano; e a 3.ª fase ocorre no primeiro semestre do ano x+2, ou seja, no terceiro ano, sempre se referindo ao ano da 1.ª fase. Assim, cada unidade pesquisada recebe seis contatos para coleta de dados.

Há rotação das unidades pesquisadas à base de um quarto por ano. Assim, cada unidade pesquisada permanece na amostra por cerca de 6 anos. Isso significa um total de 30 encontros para prestação de informações.

1.4.4.13 Censo

As informações levantadas por ocasião do censo, e em seguida apuradas, servem para a renovação de todo o sistema de referência, incluído aí o Sistema Nacional de Pesquisas por Amostragem de Estabelecimentos Agropecuários (SNPA).

1.4.4.14 Pesquisa cadastral

Realizada anualmente, a pesquisa cadastral é essencial para a manutenção da representatividade das amostras: atualiza a coleta de dados estruturais das unidades investigadas, complementa o processo de amostragem e representa a pré-coleta para as pesquisas subsequentes.

Por meio dela obtêm-se as informações básicas, como atividade principal, capacidade de produção, armazenagem etc. e o tipo de estabelecimento. Faz-se, assim, o acompanhamento continuado da evolução de características estruturais da agropecuária brasileira, adotando-se como data de referência o dia da entrevista.

As variáveis estruturais ordinárias servem à orientação das pesquisas subsequentes e são indicadoras nos resultados.

Em sua função de pré-coleta, complementam dados cadastrais necessários ao agendamento, como telefone(s) de contato, entre outros. Nesse momento, é estabelecida a maneira de abordagem do informante, se presencial ou por telefone, conforme o tipo de pesquisa.

1.4.4.15 Pesquisa Nacional de Produção Agropecuária (PNPA)

Esse tipo de pesquisa é realizado na 2.ª fase do ciclo de pesquisas. Cuida da coleta de informações imprescindíveis ao acompanhamento da atividade.

Serve para o sistema de contas nacionais acompanhar as principais atividades agropecuárias, tratando segundo os tipos de gestão dos estabelecimentos, se empresarial ou familiar.

Nessa 2.ª fase a coleta de informações é mais flexível e rápida. Como exemplo, tem-se a entrevista telefônica assistida por computador. Lembra-se que são previstos quatro levantamentos trimestrais.

O objetivo dessa fase é a obtenção da produção agropecuária anual do país, sob um nível aceitável de precisão estatística.

Ainda realiza a mensuração da produção agropecuária, preços praticados; informação de situação de uso das terras, de volume de estoques e efetivos animais. Obtém estimativas de outras características estruturais apuradas na 1.ª fase.

O plano tabular da pesquisa contempla informações de produção para os produtos já destacados no Sistema de Contas, conforme o Quadro 1.2.

Quadro 1.2 – Alguns produtos incluídos no Sistema de Contas

Arroz em casca	Milho em grão	Trigo em grão	Cana-de-açúcar
Soja em grão	Feijão	Mandioca	Fumo em folha
Algodão herbáceo	Laranja	Café em grão	Bovinos vivos
Leite de vaca	Suínos vivos	Aves vivas	Ovos de galinha
Madeira em toras para celulose (silvicultura)			

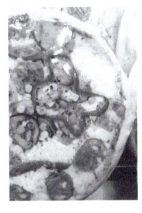

Figura 1.2 – Alimentos. Para chegar à prateleira, foram objetos de várias planilhas para controle, fonte de dados estatísticos.

As unidades selecionadas prestam informação separada relativa a seu(s) principal(ais) produto(s) até o máximo de seus três produtos principais. Assim, com as informações obtidas no Censo Agropecuário e comparando com o grau de especialização dos estabelecimentos agropecuários brasileiros, chega-se a uma cobertura bastante expressiva da produção dos principais produtos.

Uma parte do questionário das atividades pesquisadas é dedicada a variáveis de situação e estoques, feita no primeiro dia do trimestre; a outra parte é dedicada a variáveis da produção do trimestre imediatamente anterior.

Os dados coletados dos cultivos são: data de início dos cultivos, área dedicada a cada lavoura, fase de desenvolvimento de cada lavoura, área colhida e produção realizada no trimestre imediatamente anterior.

Os dados das criações de animais são: variações trimestrais no número de animais e vendas realizadas no trimestre anterior.

Quesitos como a mensuração de produção de cultivos irrigados e não irrigados, consorciados ou solteiros devem ser contemplados no levantamento.

A investigação trimestral minimiza as falhas de memória, pois grande parte dos produtores não registra os dados das suas propriedades e atividades.

A reunião dos dados trimestrais da Pesquisa Nacional de Produção Agropecuária (PNPA) ocorre no primeiro semestre do ano subsequente.

1.4.4.16 Pesquisa Nacional da Atividade Agropecuária (PNAG)

A 3.ª fase do ciclo de pesquisa do SNPA é a PNAG. Tendo aplicação anual, obtém informações de interesse geral sobre os estabelecimentos e suas atividades. Informações específicas são obtidas através de suplementos temáticos de aplicação periódica.

Seu principal objetivo é quantificar a produção, sua renda, os investimentos e nível do endividamento e tamanho dos estabelecimentos.

A PNAG também fornece dados agropecuários para o sistema estatístico nacional e acompanha a evolução da atividade agropecuária nas áreas econômica e social e de processo de produção. É formadora de um banco de dados, fonte de pesquisa que subsidia a política do desenvolvimento rural como um todo. Inclusive inclui o domicílio agrícola como unidade de análise.

Abarca atividades associadas, como serviços de ecoturismo e turismo rural, integrando assim atividades rurais importantes para a composição da renda familiar. Também discrimina benefícios sociais de programas de combate às desigualdades, como o Programa Nacional da Agricultura Familiar (Pronaf).

A PNAG, enquanto poderoso instrumento da Política Agrícola, também contempla temas como o manejo e a importância dos recursos naturais, a pressão sobre o meio ambiente e a utilização de tecnologias nas atividades rurais.

Figura 1.3 – Turismo rural: atividade de geração de renda que é alcançada pela Pesquisa Nacional de Atividade Agropecuária (PNAG).

Acerta a PNAG ao incluir em seus levantamentos inventário de recursos florestais e hídricos, pois as decisões de preservar ou usar os recursos naturais passa pela avaliação econômica em que se incluem os possíveis pagamentos por serviços ambientais.

Organização da pesquisa

A PNAG aproveita as informações apuradas nas fases anteriores da pesquisa, assim como a PNPA, passando pelas fases 1, na qual se obtêm os dados estruturais dos estabelecimentos, e pela fase 2, em que os dados da produção anual são apurados.

Nela, é utilizado um questionário básico do qual se obtêm os dados da produção anual, valor de venda da produção, informação de receitas, despesas e investimentos. Esse questionário é aplicado anualmente em todos os estabelecimentos selecionados.

1.4.4.17 Pesquisas especiais

As pesquisas especiais do SNPA são pesquisas de investigação periódica de atividades especializadas que:

» requerem amostra complementar ou amostragem própria;
» têm unidade de investigação diversa.

Exemplos: custo de produção, floricultura, fruticultura, apicultura, bubalinocultura, sericicultura etc.

No custo de produção devem ser pesquisadas as principais atividades agropecuárias do empreendimento, como cana-de-açúcar, bovinocultura de corte, bovinocultura de leite etc. Pesquisam-se duas atividades/produto ao ano.

Amplie seus conhecimentos

Os levantamentos estatísticos são importantes instrumentos de combate à fome.

Para saber mais, veja: "Políticas de Combate à Fome no Brasil" em <http:// www.scielo.br/scielo.php>.

1.4.4.18 Implantação do SNPA

Tendo em vista o grande volume de dados que devem ser continuamente levantados em todo o território nacional, e sendo o SNPA um sistema bastante abrangente, o processo de sua implantação só pode ocorrer gradualmente.

A definição da amostra mestra e dos sistemas requeridos à atualização cadastral é o primeiro passo para sua implantação.

Um destaque do SNPA é a integração das suas pesquisas básicas, que podem operar também de forma independente.

Como proposta de implantação da Pesquisa Nacional de Produção Agropecuária (PNPA) tem-se: o estabelecimento das metodologias, a estruturação dos sistemas cadastrais e a realização de pré-testes no primeiro ano.

Continuando, pode-se implantar uma investigação piloto da Pesquisa Nacional da Atividade Agropecuária (PNAG) em algumas unidades da federação e, em seguida, o início de uma sequência de coletas posteriores a um período de referência.

Em resumo, as coletas detalhadas de dados devem se dar em amostras que crescem gradualmente.

Uma vez implantada a PNAG, com certo nível de detalhamento geográfico, teria início a implantação da PNPA. Ela também se daria de forma gradual, incorporando paulatina e sucessivamente, nos levantamentos trimestrais de produção, diferentes segmentos de atividades.

> **Amplie seus conhecimentos**
>
> Você sabia que no mundo todo perdem-se milhões de toneladas de alimentos por falta de levantamentos estatísticos confiáveis da produção existente e por isso milhões de seres humanos sofrem as consequências da fome em todo o mundo?
>
> Para saber mais, acesse <http://www.onu.org.br>.

Vamos recapitular?

Este primeiro capítulo tratou da importância da pesquisa agropecuária para as atividades desse setor no Brasil, explicando a forma como o IBGE realiza atualmente as pesquisas agropecuárias, que, em grande maioria, são subjetivas e cadastrais. Nas subjetivas são preenchidos cadastros dos dados de produção, ao passo que nas cadastrais a informação é obtida de forma indireta, em consultas a especialistas ou a registros nos respectivos órgãos de controle, em que são levantados dados municipais das produções agrícola, pecuária e florestal.

Agora é com você!

1) Quais as medidas propostas através do IBGE para que se modifiquem as pesquisas agropecuárias no Brasil, com a utilização de métodos estatísticos que ofereçam maior confiabilidades aos dados investigados?

2) Quais os objetivos propostos no documento Estratégia Global, que visa a dar mais confiabilidade ao sistema de pesquisa agropecuária?

3) Defina a expressão amostra mestre no âmbito da Estratégia Global.

4) Quais os objetivos do Sistema Nacional de Pesquisas por Amostragem de Estabelecimentos Agropecuários (SNPA)?

5) Qual a diferença entre amostra de área e amostra de lista?

6) Pesquise por que a implantação do SNPA deve ocorrer gradualmente.

2

Técnicas de Avaliação de Dados de Recursos Naturais na Região em que Será Implantado o Projeto Agropecuário

Para começar

Neste capítulo aprenderemos sobre a avaliação dos recursos naturais utilizados na propriedade agropecuária para a materialização do projeto agropecuário e, para melhor entendimento da importância desses recursos, mostraremos as principais leis ambientais brasileiras que disciplinam sua utilização, começando pela Constituição Federal, passando pela lei que dispõe sobre a política nacional do meio ambiente, até o Código Florestal, a Lei de Educação Ambiental e as Resoluções n.º 001/86 e n.º 237/97 do Conselho Nacional do Meio Ambiente, que tratam, entre outras práticas, do licenciamento ambiental de atividades agropecuárias.

A busca constante do ser humano por uma melhor qualidade de vida, cada vez mais exigente, leva a um aumento contínuo e crescente na disputa pelos recursos naturais. Sabendo que, quando a procura por um produto cresce, o seu preço também aumenta, conclui-se, então, que se deve pagar pelo uso dos recursos ambientais.

Acontece que, para se pagar pela aquisição de um produto, primeiro o vendedor deve revelar quanto está pedindo por ele, ou seja, deve dizer qual é o seu preço. E preço é o resultado da somatória de inúmeras variáveis, tais como facilidade de obtenção desse produto, ou sua raridade, a situação (no sentido de localização) do produto, sua forma de uso etc.

Assim, para se poder cobrar pelo uso dos recursos ambientais, é necessário estabelecer um valor de comercialização desses produtos, o que não é tarefa fácil, pois esses recursos possuem características especiais, tais como:

» Grande variedade de produtos e serviços

Essa variedade abrange desde minerais, como o ferro e a água, passando pelos produtos madeireiros, peixes, remédios e oxigênio, sensação de lugar etc. E cada tipo de produto tem sua variabilidade intrínseca e locacional, ou seja, há, por exemplo, vários tipos minério de ferro, em função da sua concentração em cada jazida, e até na mesma jazida há variação de concentração, dependendo da localização.

» Variadas formas de uso

Há recursos ambientais que são usados diretamente – como a água, os peixes, os frutos – e outros que são usados de forma indireta – como os minerais ferro, cobre, alumínio e alguns remédios.

Essas características fazem com que não seja tarefa fácil se atribuir valor aos recursos ambientais, pois alguns, devido a seu complexo ambiente natural, tanto em número de seres vivos quanto em diversidade, e de suas inter-relações, possuem funções ainda não integralmente conhecidas.

Diante dessa realidade, a ciência tem se debruçado na tarefa de atribuir valor aos produtos ambientais.

Neste livro apresentaremos os principais métodos e técnicas utilizados para avaliação desses recursos.

Exercício Resolvido

Antes de começar o exercício, é importante conhecer uma fórmula bastante simples:

O volume (v) de uma determinada área é obtido calculando-se essa área pela sua altura.

A concentração de um elemento químico em determinado meio equivale à sua densidade, que é dada pela massa daquele elemento distribuída em determinado volume. Quanto maior a quantidade desse elemento em determinado volume, maior a concentração (densidade).

Matematicamente,

$$\text{densidade (d)} = \frac{\text{massa (m)}}{\text{volume (v)}} \rightarrow d = \frac{m}{v}$$

Podemos ver como essa fórmula pode ser útil no dia a dia empresarial pensando na situação dada a seguir.

Um grupo de empresas do ramo de metalurgia precisa de, no mínimo, 100 toneladas de ferro para atender sua demanda de produção de trilhos, chapas e vergalhões junto aos seus clientes compradores.

Duas jazidas minerais lhe foram oferecidas, ambas garantindo uma reserva estimada de 100 toneladas, com as seguintes características:

» na jazida A, o minério de ferro está distribuído numa área de 2 hectares;
» na jazida B, esse minério está distribuído em uma área de 1 hectare.

Sabendo-se que ambas as jazidas têm 5 metros de profundidade, pergunta-se:

Qual jazida deve ser comprada pelo grupo de empresas? Justifique a resposta.

Em primeiro lugar, é necessário saber qual o teor (concentração) de ferro em cada jazida. Para isso precisamos calcular a densidade.

Jazida A:

Conforme a fórmula que acabamos de ver, a densidade (concentração) é

$$d = \frac{m}{v}$$ então,

sabendo que a massa (m) de ferro da jazida A é de 100 toneladas, falta calcular o volume de material de toda a área onde esse ferro está distribuído. Esse volume é dado pela fórmula:

v = s × p em que:

v = volume,

s = área da jazida,

p = profundidade da jazida.

Assim, temos:

s (A) = 2 hectares.

Sabendo que 1 hectare = 10.000 metros quadrados (m²), então

s (A) = 2 × 10.000 = 20.000 m².

p (A) = 5 metros.

Podemos, então, calcular o volume: v(A) = s(A) × p(A)

V (A) = 20.000 **m²** × 5 **m** = 100.000 metros cúbicos (**m³**).

Técnicas de Avaliação de Dados de Recursos Naturais na Região em que Será Implantado o Projeto Agropecuário

Massa (m) de ferro da jazida A = 100 toneladas (t)

Sendo 1 tonelada igual a 1.000 quilogramas (kg), então 100 t equivalem a 1.000 x 100 = 100.000 kg, que pode ser calculada pela regra de 3 simples, como se segue:

1 t → 1.000 kg →   1   1.000   →   1 × Y = 100 × 1.000

100 t → Y

                        100   Y

Portanto,   Y = 100.000 kg.

Assim, conclui-se que 100 toneladas equivalem a 100 mil quilogramas

(100 t = 100.000 kg), que é a quantidade de ferro da jazida A.

Agora, podemos calcular a densidade da jazida A, em que v = 100.000 metros cúbicos (m³):

$$d = \frac{m}{v} \quad \text{então,} \quad d = \frac{100.000 \text{ kg}}{100.000 \text{ m}^2} \rightarrow d = 1 \text{ kg/m}^3, \quad \text{ou seja,}$$

a densidade do elemento ferro na jazida A é de 1 quilograma de ferro em cada metro cúbico de material.

Jazida B:

Sabendo-se que a massa (m) de ferro da jazida B é também de 100 toneladas, falta calcular o volume de material de toda a área onde esse ferro está distribuído.

Assim, temos:

s (B) = 1 hectare.

1 hectare = 10.000 metros quadrados (m²)

p (B) = 5 metros.

Podemos, então, calcular o volume: v (B) = s (B) x p (B)

V (B) = 10.000 m² × 5 m = 50.000 metros cúbicos (m³).

Sendo a massa (m) de ferro da jazida B igual à massa de ferro da jazida A = 100 toneladas (t), conclui-se que a massa de ferro da jazida B também é m (B) = 100.000 kg.

Agora podemos calcular a densidade da jazida B a partir da sua massa e do seu volume:

m (B) = 100.000 kg e v (B) = 50.000 m³,

$$d = \frac{m}{v} \quad \text{então,} \quad d = \frac{100.000 \text{ kg}}{50.000^3} \rightarrow d = 2 \text{ kg/m}^3, \quad \text{ou seja,}$$

a densidade do elemento ferro na jazida B é de 2 kg de ferro em cada metro cúbico de material.

Sabendo que a densidade do elemento ferro na jazida A é 1 kg/m³ e a densidade desse elemento na jazida B é 2 kg/m³, pode-se afirmar que a jazida B deve ser a indicada para compra pelas empresas interessadas, visto que a concentração de ferro é maior nessa jazida. Quando a concentração de um mineral é maior em determinada área, economiza-se mais na sua exploração: gasta-se menos com máquinas para se extrair certa quantidade de minério e, por conseguinte, gasta-se menos com mão de obra, gera-se mais renda por unidade de tempo e degrada-se menos o meio ambiente. Ou seja, extrai-se a quantidade planejada em área menor.

Mas esse mesmo exemplo poderia direcionar a decisão das empresas se na jazida A tivesse, juntamente com o ferro, outro minério de interesse comercial capaz de atrair o interesse daqueles empresários, como ouro, por exemplo, e, no caso de não ter esse tipo de minério (ouro) na jazida B, a decisão poderia ser a exploração do ferro na jazida A, mesmo com concentração de ferro menor.

Outra possibilidade de as empresas interessadas optarem pela extração de ferro na jazida A seria se esta estivesse situada a 5 quilômetros da sua fábrica e a jazida B estivesse situada a 400 quilômetros dessa fábrica. Aí, a grande diferença de distância, que encareceria o transporte de minério, poderia influenciar na decisão dos empresários de optar pela aquisição da jazida A, de menor concentração de minério de ferro.

Fique de olho!

Num volume de solo de uma determinada área existem incontáveis componentes, como matéria orgânica, areia, argila, microrganismos, poros por onde circulam o ar subterrâneo e a água, macronutrientes e micronutrientes. Entre estes, se encontra o elemento ferro, item de interesse do grupo de empresas metalúrgicas do exercício que acabamos de ver.

2.1 Identificando o bem ambiental a ser avaliado

A exploração econômica do meio ambiente tem deixado de ser somente voltada para os produtos ambientais, que compreendem os produtos madeireiros, como as madeiras de lei cedro (*Cedrela fissilis*), mogno (*Swietenia macrophylla King*), eucalipto (*Eucalyptus sp*), angelim (*Hymenolobium spp*), ipê (*Tabebuia spp*), jatobá (*Hymenaea courbaril* (L.) Mart), e não madeireiros, como os cipós, o açaí (*Euterpe oleracea*, Mart.), a pupunha (*Bactris gasipaes*), a castanha-do-pará (*Bertholletia excelsa*) etc.

A comercialização dos serviços ambientais, por sua vez, tem ocupado significativo espaço no mercado à medida que se dá a devida importância ao desenvolvimento sustentável. Isso ocorre porque há um aumento contínuo, por um lado, da demanda do homem por produtos e bens da natureza, como já citado, e, por outro, da pressão para que se protejam os ecossistemas.

Podem-se definir serviços ambientais como serviços úteis produzidos pelos ecossistemas e colocados à disposição do homem.

São exemplos de serviços ambientais: proteção da camada de ozônio, produção de oxigênio, sequestro de carbono, belezas cênicas, produção de matéria orgânica, fonte de pesquisas, conservação da biodiversidade, proteção dos solos, e muitas funções da água como reguladora do clima, elemento do ciclo hidrológico, fornecedora de nutrientes para os animais e solvente universal.

A rigor, os serviços ambientais englobam uma complexa cadeia de atividades nos ecossistemas que, como a própria biodiversidade, é difícil de descrever, dadas sua quantidade e diversidade. Por isso, devem ser vistos de forma dinâmica e integrada.

A Avaliação Ecossistêmica do Milênio, em sua página 9, assim define serviços ecossistêmicos: "Serviços ecossistêmicos são os benefícios diretos e indiretos obtidos pelo homem a partir dos ecossistemas".

Entre esses serviços estão incluídos serviços de provisões, como alimentos e água, serviços de regulação, como controle de enchentes e de pragas, serviços de suporte, como o ciclo de nutrientes, que mantém as condições para a vida na Terra, e serviços culturais, como espirituais e recreativos.

Vejamos esses quatro tipos de serviços ambientais classificados pela Avaliação Ecossistêmica do Milênio.

Serviços culturais: compreendem benefícios não materiais obtidos dos ecossistemas. São basicamente os benefícios espirituais, religiosos, de recreio, turismo, estéticos, inspiradores, educacionais, sensação de lugar e herança cultural.

Os benefícios espirituais e religiosos do meio ambiente ocorrem, por exemplo, quando o indivíduo se sente em paz consigo mesmo, quando as pessoas estão contemplando paisagens naturais como praias, montanhas, pássaros voando, uma cachoeira a montante etc.

Serviços ambientais de recreio e turismo ocorrem, por exemplo, quando se aproveita o meio ambiente para as atividades de lazer e de divertimento.

Os serviços ambientais estéticos ocorrem quando o meio ambiente é visto como embelezador da paisagem. Por exemplo, quando se olha para uma nascente e, ao seu redor, há uma vegetação permanente preservada. Em outras palavras, aquela nascente não está ameaçada pelo desmatamento, esteticamente há vegetação onde deveria de fato existir.

Outro exemplo são as árvores da arborização em uma praça, trazendo para as pessoas que por ali passam a sensação de aproximação com a natureza.

Os serviços ambientais inspiradores e a herança cultural podem ser expressos nas músicas, festas e outras expressões artísticas que utilizam em suas comemorações e composições elementos do meio ambiente como lugares, nomes de árvores, de pássaros, lendas, animais, corpos d'água e outros.

Os serviços ambientais educacionais compreendem uma gama de serviços que englobam até mesmo o aprendizado de cuidar da preservação do meio ambiente com a própria natureza. Nessa observação aprende-se que não se deve maltratar as aves de rapina como os urubus-pretos (*Coragyps atratus*), porque elas prestam importantes serviços ambientais. Outro exemplo é a conscientização de que se deve estudar cada vez mais os recursos ambientais e suas inter-relações para se descobrir mais funções suas e mais maneiras de se proteger o meio ambiente.

Uma maneira de como se materializa o serviço ambiental sensação de lugar é quando um indivíduo, depois de uma semana de trabalho numa grande cidade, se desloca para uma paisagem natural composta por um rio fluindo de dentro de uma floresta. A contemplação desse cenário dá ao indivíduo uma sensação de lugar agradável que o ajuda a se refazer dos estresses do seu dia a dia agitado.

Serviços de regulação: são benefícios obtidos pela regulação dos processos dos ecossistemas, como regulação de enchentes, de secas, da degradação dos solos e de doenças; regulação do clima e purificação da água.

Todos têm que conhecer a importância dos serviços ambientais, porque, por exemplo, se os administradores das cidades não atentarem para o serviço ambiental de regulação das enchentes, poderão ceder à pressão imobiliária e permitir o aterramento das áreas alagadas nas periferias, favorecendo assim o alagamento das cidades na época das enchentes, impedindo a natureza de executar esse serviço de regulação das enchentes. O mesmo pode acontecer se os esgotos forem entupidos com lixo jogado desordenadamente nas ruas.

O serviço ambiental de regulação das secas depende muito da manutenção das florestas, principalmente na proteção dos cursos d'água para impedir o seu assoreamento.

Já o de regulação contra a degradação dos solos consiste na manutenção dos solos em condições de desempenhar suas funções de sustentação de vegetação e fornecimento de nutrientes para ela. Para isso, o solo deve ser protegido da erosão, da salinização e das doenças que infestam as plantas.

Quanto ao serviço ambiental de regulação contra a disseminação das doenças, tem como uma de suas funções o desmatamento ordenado, que expulsa ou elimina de animais e vegetais inúmeros parasitas e insetos hospedeiros transmissores de doenças, muitas delas ainda desconhecidas. Assim, quando não se desmata desordenadamente, evita-se que esses agentes (parasitas e insetos) saiam dos seus respectivos *habitat* para atacar, muitas vezes os seres humanos nas cidades.

O serviço ambiental de regulação do clima, por sua vez, é extremamente importante para o equilíbrio térmico do ambiente, e as florestas têm papel fundamental nessa regulação, pois elas impedem que a radiação eletromagnética atinja diretamente o solo quando o dossel reflete uma parte dessa radiação e absorve outra parte. Assim, a sensação de calor é diminuída no interior das florestas nas horas mais quentes do dia. Essa radiação eletromagnética causaria grande prejuízo ao solo se nele incidisse diretamente, pois eliminaria grande quantidade de microrganismos decompositores importantes para a formação do solo, além de favorecer o processo erosivo com a aceleração do intemperismo. Por outro lado, as florestas são importantes na regulação do clima durante a noite, pois aquele calor gerado durante o dia através da incidência da radiação eletromagnética permanece sendo liberado durante boa parte da noite, tornando o clima agradável. Quando o frio se intensifica mesmo, já é quase de manhã. E esse frio já servirá para refrescar as primeiras horas da manhã do novo dia, como explicado no item 2.2.6.1. Esses importantes fenômenos, regulados pela presença das florestas, é mais bem observado na região intertropical, onde a incidência da radiação eletromagnética vinda do sol é mais intensa.

Para se perceber melhor o papel das florestas, é importante lembrar que, nas regiões desérticas, o calor durante o dia é muito intenso porque não existem as florestas com o seu dossel para reter e refletir parte da radiação eletromagnética incidente, e, durante a noite, a temperatura cai abruptamente também porque não existe a floresta para regular essa temperatura, com a liberação de calor retido durante o dia. Ver texto no item 2.2.6.1.

> **Fique de olho!**
>
> A radiação eletromagnética é toda energia que é emitida do sol, na qual está incluída a luz visível.
>
> É importante lembrar que o relevo, a altitude e os ventos também são componentes importantes na formação do clima.

O serviço ambiental de regulação da qualidade (purificação) da água é fundamental para a manutenção das formas de vidas aquáticas e para o fornecimento de água para abastecer as cidades. Água contaminada é fonte de doenças.

A capacidade natural da água de se purificar das impurezas que nela são despejadas não é ilimitada. Assim, quando um esgoto é despejado num curso d'água, há microrganismos que podem ajudar na decomposição de elementos desse esgoto, mas, reforçando, a capacidade natural de depuração da água tem um limite.

De maneira geral, o equilíbrio ambiental é afetado por qualquer impacto. Evidentemente há impactos insignificantes, e até impactos positivos, mas, quando o esgoto de uma cidade inteira, por exemplo, é lançado direta e permanentemente em um rio, é claro que esse rio não vai ter a mesma capacidade de purificação requerida por aquela quantidade de esgoto despejado que teria se fosse lançado nele apenas o esgoto de uma residência. Ali as consequências desastrosas para os recursos ambientais são imensas e imprevisíveis.

Outro exemplo é o caso da contaminação de um curso d'água com altos teores de resíduos de defensivos agrícolas percolados no solo após aplicação excessiva. Nesse caso também as consequências podem ser catastróficas e de difícil reparação.

Assim, a qualidade da água deve ser mantida para que ela continue desempenhado suas inúmeras e indispensáveis funções no ambiente.

Os serviços de suporte são serviços necessários para a produção de todos os outros serviços dos ecossistemas e compreendem a formação do solo, os ciclos de nutrientes e a produção primária.

Para existir solo deve haver a interação de três componentes básicos: minerais originários das rochas subterrâneas, material orgânico vindo da decomposição de material orgânico (restos de animais e vegetais) e microrganismos para decompor esse material orgânico.

A camada de solo é muito fina, geralmente atingindo uma espessura em torno de 5 centímetros. Esse solo é formado muito lentamente ao longo dos anos. É trabalhosa e lenta a formação do solo, mas sua destruição pode ser relativamente fácil e rápida se não forem tomadas medidas adequadas de manejo e conservação. Tais medidas são principalmente: sua proteção contra a erosão, a calagem e a adubação. E essas medidas devem ser obrigatória e corretamente tomadas porque o solo dará suporte para a obtenção dos demais serviços ambientais.

A ciclagem de nutrientes e a produção primária também são serviços ambientais que dão suporte para os demais serviços. Assim como o solo, possibilitam, por exemplo, a produção de alimentos. Os nutrientes, para serem reaproveitados, precisam da ocorrência de inúmeros fenômenos ambientais, como a fotossíntese. E esta, para ocorrer, depende, além da radiação eletromagnética (luz) vinda do sol, da clorofila, presente nos vegetais (principalmente nas folhas), da água e dos nutrientes que são sintetizados nesse processo, produzindo oxigênio e carboidratos, além de consumir gás carbônico disperso na natureza.

Serviços de produção ou aprovisionamento compreendem os produtos obtidos como comida, água potável, combustível, fibras, compostos bioquímicos e recursos genéticos.

Figura 2.1 – Serviço ambiental de provisão. Peixes curimatã (*Prochilodus sp*).

O volume de recursos financeiros, humanos e materiais despendidos na produção de alimentos, combustíveis, remédios e até no tratamento da água para torná-la potável não diminui a importância desses recursos naturais como matéria-prima, veículo da materialização dos serviços ambientais de produção ou aprovisionamento. Isto é, os fatores de produção capital e trabalho só são importantes a partir da existência do fator terra e seus incontáveis bens naturais de suporte e seus serviços.

Mas, na realidade, nas últimas décadas o homem tem modificado os ecossistemas mais acentuadamente, na maioria das vezes para suprir rapidamente a crescente demanda por alimentos, água potável, madeira, fibras e combustível, sem dispensar o devido cuidado à conservação do meio ambiente. Isso tem acarretado uma perda significativa, e até irreversível, para a diversidade da vida no planeta.

Destaca-se também que os bens produzidos não seguiram um plano de manejo sustentável e nem distribuído proporcionalmente entre as populações diretamente afetadas ou que fazem parte desses ecossistemas. Assim, observa-se que houve aumento de pobreza para alguns grupos da população.

Pode-se afirmar, portanto, que os ganhos para o bem-estar humano e o desenvolvimento econômico foram obtidos a um custo crescente, que incluiu a degradação de muitos serviços dos ecossistemas.

Esses problemas, a menos que tratados, reduzirão substancialmente os benefícios obtidos dos ecossistemas para gerações futuras. Sem contar que os danos causados em alguns ecossistemas são irreversíveis.

A maneira como se exploram os recursos ambientais determinará se haverá ou não agravamento na degradação já existente em muitos serviços dos ecossistemas. E vale lembrar que o meio ambiente, conservado ou não, nunca para de ser explorado.

O desafio consiste em reverter a degradação desses ecossistemas enquanto eles ainda suprem as demandas crescentes por recursos ambientais, requeridas para o consumo dos seres vivos.

2.2 Regime de proteção dos recursos naturais

Atualmente, o Brasil é um dos países que adota um dos mais avançados arcabouços legais para disciplinar a proteção do ambiente. O princípio norteador dessa legislação é proteger o ambiente como um todo, e essa proteção tem base na própria Constituição Federal vigente, promulgada em 5 de outubro de 1988. Mas outras leis infraconstitucionais merecem destaque: a Lei da Política Nacional do Meio Ambiente, n.º 6.938/1981, o Código Florestal n.º 12.651/2012, a Lei da Política Nacional de Educação Ambiental n.º 9.795/1999, a Resolução do Conselho Nacional do Meio Ambiente (Conama) n.º 001/1986 e a Resolução Conama n.º 237/1997.

Fique de olho!

O ambiente inclui o homem e o meio ambiente.

A Constituição Federal é a maior lei do país. Todas as demais leis são subordinadas a essa Constituição e não podem contradizê-la. São infraconstitucionais.

2.2.1 Constituição Federal de 1988

O principal artigo da Constituição Federal sobre o meio ambiente é o artigo 225. Ele começa declarando que:

"Todos têm direito ao meio ambiente ecologicamente equilibrado, bem de uso comum do povo e essencial à sadia qualidade de vida, impondo-se ao Poder Público e à coletividade o dever de defendê-lo e preservá-lo para as presentes e futuras gerações".

Observa-se aí que a sociedade brasileira reconhece que o meio ambiente é mesmo para ser usado pelo povo. Mas é necessário entender que, se todos têm direito ao meio ambiente, estão aí incluídos todos os seres vivos, e não só os seres humanos.

E como os demais seres vivos são importantes para o meio ambiente e para os seres humanos?

Basta atentar para os animais silvestres, que, pelas suas formas de vida, contribuem para o bem-estar do ser humano. Veja-se uma cutia (*Dasyprocta agouti*), por exemplo. Ao esconder uma semente na folhagem e, posteriormente, não a encontrar ou esquecê-la, ela está contribuindo diretamente para o povoamento florestal daquela região, pois daquela pequena semente poderá ser gerada uma gigantesca árvore, que irá proteger o solo dos efeitos danosos da erosão. Também a formação e disponibilização de jazidas de minerais ali só são possíveis por estar o solo protegido pela floresta contra a erosão, pois, se não houvesse árvores, a erosão arrastaria as partículas do solo, e sem solo não há como nascer e se desenvolver árvores para proteger a rocha e seus minerais que irão formar as jazidas. Há também as qualidades medicinais de muitos vegetais multiplicados através do importante trabalho ambiental daquela cutia. Assim, um pequeno animal desempenha um grande serviço ambiental que contribui decisivamente para a formação e a disponibilização de minerais para o homem, que poderão ser transformados em qualidade de vida. Evidentemente, o processo de formação dos minerais não ocorre rapidamente. Até as próprias árvores levam dezenas, e às vezes centenas, de anos para atingir seu estágio de clímax.

Por isso, o inciso VII do parágrafo primeiro do artigo 225 decreta:

> "incumbe ao poder público [...] proteger a fauna e a flora, vedadas, na forma da lei, as práticas que coloquem em risco sua função ecológica, provoquem a extinção de espécies ou submetam os animais a crueldade".

Lembre-se

As plantas hoje cultivadas foram descobertas nas florestas e de lá retiradas para domesticação.

A frase "bem de uso comum do povo" demonstra que o meio ambiente é um bem para uso de todos, proibindo a sociedade de manter esse meio ambiente isolado, intocável, mas também proibindo essa mesma sociedade de usar os recursos ambientais para benefício de poucos, em detrimento do uso coletivo. Ou seja, o uso coletivo, por todos, é o que recomenda a Constituição Federal, como maior lei do País.

Atente-se também que o artigo 225 destaca a expressão "sadia qualidade de vida".

Obter uma sadia qualidade de vida é o maior objetivo do empreendedor rural quando implanta um projeto agropecuário, e, para esse projeto ser sustentável, é necessária a utilização adequada dos recursos ambientais. Por isso a regra jurídica completa impondo "ao Poder Público e à coletividade o dever de defendê-lo e preservá-lo para as presentes e futuras gerações".

Na elaboração de um projeto agropecuário, também é importante o produtor rural atentar para o que exige o poder público nos incisos V e VI do parágrafo primeiro do artigo 225 em análise.

No inciso V é exigido: "controlar a produção, a comercialização e o emprego de técnicas, métodos e substâncias que comportem risco para a vida, a qualidade de vida e o meio ambiente".

Por exemplo, substâncias químicas perigosas devem ser produzidas obedecendo a leis, normas e regulamentos específicos de segurança e saúde. E têm que ser processadas em locais escolhidos, longe de movimentação de pessoas e animais, bem como adequadamente construídos e protegidos.

No inciso VI é exigido: "promover a educação ambiental em todos os níveis de ensino e a conscientização pública para a preservação do meio ambiente".

Você já assistiu a aulas de educação ambiental?

Fique de olho!

O clímax de uma comunidade florestal compreende a sua condição ótima em termos de maturidade. É o seu auge, quando está em equilíbrio com o clima.

2.2.2 Política Nacional do Meio Ambiente – Lei n.º 6.938/1981

A Lei n.º 6.938, que estabelece a política nacional do meio ambiente, apesar de submissa à Constituição Federal, foi promulgada em 1981, portanto é mais antiga do que a Constituição Federal vigente, que é de 1988.

No seu artigo 2.º, essa Lei n.º 6.938 traz como: "objetivo a preservação, melhoria e recuperação da qualidade ambiental propícia à vida".

Ou seja, institui que a existência da vida depende da manutenção da qualidade ambiental. E essa qualidade ambiental visa a assegurar no País, entre outros itens, as condições para o desenvolvimento socioeconômico.

Quando elege o desenvolvimento socioeconômico baseado na manutenção da qualidade ambiental, a legislação ensina que essa qualidade ambiental é a base para o desenvolvimento socioeconômico, e nesse desenvolvimento a parte social é prestigiada primariamente em relação à parte econômica, para garantir que o meio ambiente deve ser de "uso comum do povo".

Os objetivos dessa política nacional do meio ambiente devem atender vários princípios, entre eles a:

> "ação governamental na manutenção do equilíbrio ecológico, considerando o meio ambiente como um patrimônio público a ser necessariamente assegurado e protegido, tendo em vista o uso coletivo".

Assim, para assegurar esse princípio, os governos federal, estaduais, municipais e distrital estão autorizados a agir onde for necessário. É por isso que é assegurada a preservação de várias áreas, inclusive nas propriedades particulares, como as áreas de preservação permanente, as quais, mesmo estando dentro de propriedades privadas, não podem ser manejadas pelo proprietário ou por outrem sem o consentimento ou autorização dos governos.

Outro princípio importante para a sustentabilidade do empreendimento agropecuário é a: "racionalização do uso do solo, do subsolo, da água e do ar".

Quando o produtor racionaliza o uso dos recursos ambientais da sua propriedade, deve ter em mente que esse procedimento já está previsto na lei.

O terceiro princípio dessa lei aqui destacado é: "planejamento e fiscalização do uso dos recursos ambientais".

Por esse princípio pode-se compreender que o manejo correto dos recursos ambientais é uma das ferramentas de gestão do estabelecimento agropecuário.

Outros dois princípios que merecem a atenção da administração da unidade de produção agropecuária são a "recuperação de áreas degradadas" e a "proteção de áreas ameaçadas de degradação".

A recuperação de áreas degradadas é tão necessária que, se estiver na mesma bacia hidrográfica a que pertence uma propriedade, mesmo que essa área não esteja dentro da propriedade, vale a pena o produtor contribuir com a sua recuperação, uma vez que uma área degradada não está estática, isto é, o seu processo de degradação não para, a menos que estejam sendo tomadas as medidas necessárias para a sua recuperação. E se a degradação não para, a tendência é alcançar cada vez maior área. Assim, é importante a administração antever as áreas passíveis de degradação para, preventivamente, tomar as medidas necessárias de proteção. Como exemplo, no caso da utilização de áreas para monocultivos, que geralmente são divididas em subáreas, deve-se sempre deixar uma dessas subáreas em regime de pousio.

A propriedade agropecuária não deve ser gerenciada de maneira isolada. Os recursos ambientais de uma bacia hidrográfica têm que ser repartidos para todos dentro daquela bacia. Mas a legislação ambiental inclui nesse "todos" não só os empreendimentos ali instalados, mas todos os seres vivos daquela comunidade de ecossistemas e também suas gerações futuras.

Fique de olho!

Bacia hidrográfica compreende uma área em torno de um leito hídrico único para onde converge toda a precipitação natural em direção ao ponto de saída. É o conjunto de superfícies vertentes e sua rede de drenagem formada por cursos de água. Exutório é a denominação dada à parte mais baixa do ponto de saída (escoamento) da bacia hidrográfica. Esse ponto de saída direciona o escoamento das águas da bacia hidrográfica para o oceano.

Monocultivo é o cultivo de uma única cultura agrícola em determinada área. Exemplo: citricultura: cultivo de laranja.

O monocultivo se contrapõe ao policultivo, que é o cultivo consorciado, no qual são cultivadas duas ou mais culturas numa mesma área. Exemplo: cultivo de mandioca consorciada com milho (sistemas agroflorestal e agrossilvipastoril, veja item 2.2.6.1).

Pousio é a "prática de interrupção temporária de atividades ou usos agrícolas, pecuários ou silviculturais, por no máximo 5 (cinco) anos, para possibilitar a recuperação da capacidade de uso ou da estrutura física do solo". Definição dada no artigo 3o da Lei n.º 12.651/2012 (Código Florestal).

2.2.3 Resolução Conama n.º 01/1986

Também anterior à Constituição Federal vigente, a Resolução n.º 001/1986, do Conselho Nacional do Meio Ambiente (Conama), estabelece no seu artigo 4.º que

> "Os órgãos ambientais competentes e os órgãos setoriais do Sisnama deverão compatibilizar os processos de licenciamento com as etapas de planejamento e implantação das atividades modificadoras do meio ambiente, respeitados os critérios e diretrizes estabelecidos por esta Resolução e tendo por base a natureza o porte e as peculiaridades de cada atividade".

Nesse artigo, pode-se perceber que o licenciamento das atividades modificadoras do meio ambiente depende da etapa em que se encontra essa atividade dentro do empreendimento. Se a atividade vai ser implantada, o órgão ambiental competente expede um tipo de licença; se a atividade já está implantada, recebe outro tipo de licença.

Fique de olho!

O Sisnama é o Sistema Nacional do Meio Ambiente. É a instância à que pertencem todos os órgãos públicos de meio ambiente existentes no País, desde as secretarias municipais de meio ambiente, passando pelas secretarias estaduais, institutos, como o IBAMA (Instituto Brasileiro do Meio Ambiente e dos Recursos Naturais) e o ICMBio (Instituto Chico Mendes de Conservação da Biodiversidade), até o Ministério do Meio Ambiente.

O artigo 5.º dessa Resolução obriga os empreendimentos maiores, como a construção de ferrovias, portos, obras hidráulicas para exploração de recursos hídricos (por exemplo, barragem de saneamento ou de irrigação, abertura de canais para navegação, drenagem e irrigação, retificação de cursos d'água, abertura de barras e embocaduras, transposição de bacias, diques e outros) à realização de estudo de impacto ambiental, e também a obedecer a diretrizes gerais tais como: "contemplar todas as alternativas tecnológicas e de localização de projeto, confrontando-as com a hipótese de não execução do projeto".

Em outras palavras, essa Resolução recomenda que o produtor agropecuário analise todas as opções de desenvolvimento do seu projeto agropecuário. Pode ser que esse produtor queira, a princípio, cultivar três tipos de cultura e criar uma espécie de animal, em que as culturas servirão para a alimentação dos animais. Porém, ao dimensionar a capacidade de suporte da sua propriedade, ele conclui que, para continuar a implantação de suas metas iniciais, deve adquirir área maior, pois a capacidade de suporte atual da sua propriedade é insuficiente para obter a produção desejada de maneira sustentável. Mas aí, primeiro, deve ter certeza de que vai haver na região mercado consumidor para toda a sua produção.

Fique de olho!

Capacidade de suporte se refere à quantidade de recurso ambiental que será consumida para se atingir o nível de produção desejado, sem comprometer a manutenção futura da oferta desses recursos ambientais.

Se não está nos planos do produtor agropecuário a aquisição de mais uma área, ele deve redimensionar seu projeto, adequando-o à capacidade de suporte ambiental da sua área. Ou então, como antecipa essa Resolução, ele deve analisar a possibilidade de não execução daquele projeto.

O produtor agropecuário deve estar sempre em busca, no conjunto da sua propriedade, de maneiras alternativas e sustentáveis de geração de renda, além da atividade principal.

Pelo item III do artigo 5.º em análise, o produtor rural deve ter em mente que seu projeto, após implantado, possuirá uma área de influência, e, geralmente, essa área abrange a bacia hidrográfica na qual se localiza.

Portanto, os impactos originados pela execução do seu projeto podem atingir outros projetos e ecossistemas adjacentes.

Por isso, no item IV, a seguir, determina-se que o produtor deve: "considerar os planos e programas governamentais, propostos e em implantação na área de influência do projeto, e sua compatibilidade".

O artigo 6.º dessa Resolução descreve as atividades técnicas que devem ser desenvolvidas para compor o estudo de impactos ambientais prognosticados para a implantação de projetos que exigem esse tipo de estudo.

Seguem as atividades técnicas:

Deve ser feito o diagnóstico ambiental da área de influência do projeto, em que conste a completa descrição dos recursos ambientais ali existentes, bem como a análise de suas interações no estado em que se encontram antes da implantação do projeto.

Nesse diagnóstico, deve ser feita a descrição do meio físico, com a caracterização dos recursos do subsolo, das fontes de águas, da qualidade do ar e do clima; devem ser descritos a topografia da área, os tipos e aptidões do solo, o regime hidrológico, as correntes marinhas e as correntes atmosféricas.

Deve ser feita a caracterização de toda a biologia da área (fauna e flora), seus ecossistemas naturais, destacando-se as espécies indicadoras da qualidade ambiental, de valor científico e econômico, raras e ameaçadas de extinção, bem como as áreas de preservação permanente.

Além da descrição dos meios físico e biológico, deve também ser feita a descrição do meio socioeconômico, que compreende a forma como o homem utiliza os recursos naturais naquela bacia hidrográfica nas atividades gerando renda. Nessa descrição, devem ser identificados:

> "os sítios e monumentos arqueológicos, históricos e culturais da comunidade, as relações de dependência entre a sociedade local, os recursos ambientais e a potencial utilização futura desses recursos".

Aqui, vale assentar três pilares sustentáveis:

1.º: Todo projeto causa impacto ambiental durante a sua execução e operação.

2.º: Não se executa projeto de desenvolvimento sustentável sem uma postura voluntária. Em outras palavras, o produtor agropecuário não deve contar com os recursos ambientais só para seu projeto. Pelo contrário, deve ter sempre em mente que os recursos ambientais serão utilizados por todos os habitantes da respectiva bacia hidrográfica.

3.º: O produtor rural deve ter em mente que precisa executar um projeto que se ajuste às limitações ambientais da sua propriedade, e para isso pode ser necessário modificar seu projeto original.

2.2.4 Resolução Conama n.º 237/1997

Ainda tratando do licenciamento ambiental, essa Resolução n.º 237/1997 do Conselho Nacional do Meio Ambiente (Conama) estabelece no seu artigo 2.º que a localização, a construção, a instalação, a ampliação, a modificação e a operação de empreendimentos e atividades que utilizam recursos ambientais consideradas efetiva ou potencialmente poluidoras, bem como os empreendimentos capazes, sob qualquer forma, de causar degradação ambiental, dependerão de prévio licenciamento ambiental.

Esse licenciamento, imposto pelo poder público por meio da legislação, é um dos instrumentos do governo para disciplinar o uso dos recursos naturais e distribuir a renda auferida pelo uso desses recursos para os setores do governo que cuidam da parte social e da conservação do meio ambiente, pois, para obter a licença, o produtor agropecuário, assim como todo empreendedor, paga as devidas taxas.

O parágrafo 1.º desse artigo 2.º sujeita ao licenciamento ambiental vários empreendimentos e atividades. Dentre eles, produtos e atividades ligados às atividades agropecuárias. Citamos alguns:

» Indústria de couros e peles

   secagem e salga de couros e peles

   curtimento e outras preparações de couros e peles

   fabricação de artefatos diversos de couros e peles

» Indústria química

   produção de óleos/gorduras/ceras vegetais-animais

   recuperação e refino de solventes, óleos minerais, vegetais e animais

   fabricação de preparados para limpeza e polimento, desinfetantes, inseticidas, germicidas e fungicidas

   fabricação de sabões, detergentes e velas

» Indústria têxtil, de vestuário, calçados e artefatos de tecidos

   beneficiamento de fibras têxteis, vegetais, de origem animal e sintéticos

» Indústria de produtos alimentares e bebidas

   beneficiamento, moagem, torrefação e fabricação de produtos alimentares

   matadouros, abatedouros, frigoríficos, charqueadas e derivados de origem animal

   fabricação de conservas

   preparação de pescados e fabricação de conservas de pescados

   preparação, beneficiamento e industrialização de leite e derivados

   fabricação e refinação de açúcar

   refino/preparação de óleo e gorduras vegetais

   produção de manteiga, cacau, gorduras de origem animal para alimentação fabricação de fermentos e leveduras

fabricação de rações balanceadas e de alimentos preparados para animais

fabricação de vinhos e vinagre

fabricação de cervejas, chopes e maltes

fabricação de bebidas não alcoólicas, bem como envase e gaseificação de águas minerais

fabricação de bebidas alcoólicas

» Indústria de fumo

fabricação de cigarros/charutos/cigarrilhas e outras atividades de beneficiamento do fumo

» Obras civis

rodovias, ferrovias, hidrovias

barragens e diques

canais para drenagem

retificação de curso de água

abertura de barras, embocaduras e canais

transposição de bacias hidrográficas

» Serviços de utilidade

transmissão de energia elétrica

estações de tratamento de água

interceptores, emissários, estação elevatória e tratamento de esgoto sanitário tratamento e destinação de resíduos industriais (líquidos e sólidos)

tratamento/disposição de resíduos especiais tais como: de agroquímicos e suas embalagens usadas e de serviço de saúde, entre outros

dragagem e derrocamentos em corpos d'água

recuperação de áreas contaminadas ou degradadas

» Transporte, terminais e depósitos

marinas, portos e aeroportos

» Turismo

complexos turísticos e de lazer, inclusive parques temáticos e autódromos

» Atividades diversas

parcelamento do solo

distrito e polo industrial

» Atividades agropecuárias, projeto agrícola, criação de animais;

projetos de assentamentos e de colonização

» Uso de recursos naturais

silvicultura

exploração econômica da madeira ou lenha e subprodutos florestais

atividade de manejo de fauna exótica e criadouro de fauna silvestre

utilização do patrimônio genético natural

manejo de recursos aquáticos vivos.

2.2.5 Política Nacional de Educação Ambiental – Lei n.º 9.795/1999

Como visto no item 2.2.1 inciso VI do artigo 225, é exigido: "promover a educação ambiental em todos os níveis de ensino e a conscientização pública para a preservação do meio ambiente".

Obedecendo a esse inciso, foi promulgada, no ano de 1999, a Lei n.º 9.795, que institui a Política Nacional de Educação Ambiental.

No seu artigo primeiro, a Educação Ambiental é definida como

> "os processos por meio dos quais o indivíduo e a coletividade constroem valores sociais, conhecimentos, habilidades, atitudes e competências voltadas para a conservação do meio ambiente, bem de uso comum do povo, essencial à sadia qualidade de vida e sua sustentabilidade".

Observe-se que a parte em negrito desse artigo foi copiada diretamente do *caput* do artigo 225 da Constituição Federal.

Assim, uma sadia qualidade de vida depende do uso e da conservação do meio ambiente. E, nesse contexto, a educação ambiental é item necessário. Mas, como toda modalidade de educação, a educação ambiental é materializada através de processos construídos pelas pessoas individual e coletivamente.

2.2.6 Código Florestal – Lei n.º 12.651/2012

Finalmente, apresentamos a Lei n.º 12.651/2012 (Código Florestal), que dispõe, entre outros assuntos,, sobre a proteção da vegetação nativa e também sobre o arranjo fundiário (ou divisão da terra) de acordo com os seus possíveis usos.

Seu artigo 1.º, parágrafo único, estabelece que o objetivo da lei é o desenvolvimento sustentável. Para isso, atenderá a vários princípios, nos quais se percebe o compromisso com a preservação das florestas, da biodiversidade, do solo, dos recursos hídricos e da integridade do sistema climático, mas também a reafirmação da importância da função estratégica da atividade agropecuária e do papel das florestas e demais formas de vegetação nativa na sustentabilidade, no crescimento econômico, na melhoria da qualidade de vida da população brasileira e na presença do País nos mercados nacional e internacional de alimentos e bioenergia.

Continuando, assenta o compromisso do País com a compatibilização e a harmonização entre o uso produtivo da terra e a preservação dos recursos naturais.

Esse código mostra que são igualmente importantes tanto a preservação dos recursos naturais como a atividade agropecuária. Inclusive, um dos seus objetivos é:

> "a criação e mobilização de incentivos econômicos para fomentar a preservação e a recuperação da vegetação nativa e para promover o desenvolvimento de atividades produtivas sustentáveis".

Assim, pode-se afirmar que a sociedade entende que os recursos naturais devem ser utilizados nas atividades agropecuárias de maneira racional, isto é, sustentável, em que o resultado traz benefícios econômicos, sociais e para o meio ambiente.

Mas como esse Código Florestal disciplina a execução de todas as possíveis atividades que podem ser desenvolvidas no meio ambiente, o estudante (e o leitor) não pode deixar de conhecê-lo, devido à sua importância curricular e cotidiana. Comentaremos aqui alguns dos seus mais importantes artigos.

2.2.6.1 O Código Florestal: ferramenta de gestão do espaço rural brasileiro

No seu artigo 1º A, como mostrado, o Código já estabelece normas gerais sobre a proteção da vegetação e prevê instrumentos econômicos e financeiros para o alcance de seus objetivos, sendo que seu objetivo é o desenvolvimento sustentável.

Como princípios, destacamos:

- » a afirmação do compromisso soberano do Brasil com a preservação das suas florestas [...] para o bem-estar das gerações presentes e futuras;
- » reafirmação da importância da função estratégica da atividade agropecuária e do papel das florestas e demais formas de vegetação nativa na sustentabilidade, no crescimento econômico, na melhoria da qualidade de vida da população brasileira e na presença do País nos mercados nacional e internacional de alimentos e bioenergia.

Aqui chamo a atenção para o fato de que o bem-estar das pessoas é, a rigor, o maior objetivo de todos, e, assim, o bem-estar do Brasil depende do bem-estar interno da sua população e do bem-estar externo, pois, quando há crises em outros países, eles não importam produtos brasileiros.

Outros exemplos são as doenças. Vemos a preocupação mundial quando surge uma epidemia, como da gripe suína, da aids, do vírus Ebola e, mais recentemente, do vírus chicungunha.

O Código também se refere à ação governamental de proteção e uso sustentável de florestas, consagrando o compromisso do País com a compatibilização e a harmonização entre o uso produtivo da terra e a preservação da água, do solo e da vegetação.

Fique de olho!

A palavra compatibilização transmite a ideia de equilíbrio: preservação, conservação e produção: tudo junto, mas cada atividade nas suas devidas localizações e proporções.

O texto "... vegetação nativa e de suas funções ecológicas e sociais nas áreas urbanas e rurais" demonstra que a vegetação nativa tem funções sociais também.

Observa-se que cada vez mais são disponibilizados incentivos econômicos para a preservação e recuperação da vegetação.

Por exemplo, o inciso VI do artigo 1.º decreta:

> "criação e mobilização de incentivos econômicos para fomentar a preservação e a recuperação da vegetação nativa e para promover o desenvolvimento de atividades produtivas sustentáveis".

Garante, portanto, a possibilidade da diminuição da degradação de áreas que devem ser permanentemente preservadas e a otimização do uso de áreas desmatadas para uso alternativo do seu solo.

No artigo 3º, item II, descobrimos na definição de área de Preservação Permanente, as chamadas APP, que elas agregam, entre suas funções, "assegurar o bem-estar das populações humanas". Olhe o bem-estar aí de novo, como fim de todos os esforços para o desenvolvimento sustentável. O bem-estar de todos, todos os seres vivos.

Outro texto aqui destacado dessa lei é a definição de área verde urbana, que são

> "espaços, públicos ou privados, com predomínio de vegetação, preferencialmente nativa, natural ou recuperada, previstos no Plano Diretor, nas Leis de Zoneamento Urbano e Uso do Solo do Município, indisponíveis para construção de moradias, destinados aos propósitos de recreação, lazer, melhoria da qualidade ambiental urbana, proteção dos recursos hídricos, manutenção ou melhoria paisagística, proteção de bens e manifestações culturais".

Veja quantas funções têm essas áreas para nos proporcionar qualidade de vida!

Às vezes, ao ler trechos desse Código Florestal o leitor pode até se surpreender com algumas expressões, como crédito de carbono. Essa expressão é definida no Código Florestal como um: "título de direito sobre bem intangível e incorpóreo transacionável".

Fique de olho!

Veja a definição da palavra intangível no Capítulo 4, item 4.1.

E essa definição legal (está na lei) é muito importante. Neste capítulo, iremos mostrar os principais métodos para se avaliar os recursos naturais. Lembre-se que os vegetais constituem fonte de carbono armazenado.

A expressão transacionável indica que o crédito de carbono pode ser negociado, comercializado.

O Cadastro Ambiental Rural (CAR) é um importante dispositivo para a efetivação do desenvolvimento sustentável. O artigo 29 do Código em apreço apresenta esse instrumento:

> "É criado o Cadastro Ambiental Rural – CAR, no âmbito do Sistema Nacional de Informação sobre Meio Ambiente – Sinima, registro público eletrônico de âmbito nacional, obrigatório para todos os imóveis rurais, com a finalidade de integrar as informações ambientais das propriedades e posses rurais, compondo base de dados

para controle, monitoramento, planejamento ambiental e econômico e combate ao desmatamento."

Todos os imóveis rurais do Brasil devem ser inscritos no CAR para que sejam integradas suas informações ambientais.

Esse CAR é um instrumento que faz parte do Sistema de Cadastro Ambiental Rural (SICAR) e nasceu das discussões para se definir o tamanho das áreas a serem protegidas dentro das propriedades particulares, as quais estão disciplinadas no Código Florestal (Lei n.º 12.651/2012). Essas áreas protegidas são: áreas de utilidade pública, Áreas de Preservação Permanente, áreas de uso restrito, áreas consolidadas e Áreas de Reservas Legais, bem como as áreas em recomposição, recuperação, regeneração ou em compensação.

Mas para se definir o tamanho e a localização dessas áreas era necessário delimitá-las. Também outra necessidade dessa delimitação foi o questionamento dos produtores, que, sabendo que tinham que preservar dentro de suas propriedades certas quantidades de áreas protegidas, agora solicitavam compensações ou incentivos que justificassem essa preservação. Assim, de toda forma, eram necessárias a identificação e a delimitação dessas áreas. Por isso foi necessária a criação do CAR.

Os dados obtidos através do CAR servem para o poder público controlar, monitorar e planejar o desenvolvimento ambiental e econômico, como também são um poderoso instrumento de combate ao desmatamento.

O prazo para que todos os imóveis sejam inscritos no CAR é de dois anos, a partir da publicação da Instrução Normativa n.º 2, de 6 de maio de 2014, elaborada pelo Ministério do Meio Ambiente (MMA) depois de ouvidos os Ministérios da Agricultura, Pecuária e Abastecimento (MAPA) e do Desenvolvimento Agrário (MDA).

A união desses três ministérios (MMA, MAPA e MDA) que cuidam da produção e do meio ambiente, em torno do CAR, demonstra que na realidade brasileira não se deve dissociar os benefícios das atividades produtivas, das virtudes do meio ambiente.

A Instrução Normativa nº 2/MMA – 2014

> "dispõe sobre os procedimentos para a integração, execução e compatibilização do Sistema de Cadastro Ambiental Rural – SICAR e define os procedimentos gerais do Cadastro Ambiental Rural – CAR".

Entre os seus princípios, essa Instrução Normativa fixa procedimentos que devem ser adotados para:

» a inscrição dos imóveis no CAR;
» o registro das informações ambientais;
» a análise dessas informações em relação a seus respectivos imóveis rurais;
» a disponibilização e integração dos dados no Sistema de Cadastro Ambiental Rural – SICAR.

Seguem algumas definições apresentadas pela Instrução Normativa n.º 2, importantes na gestão do estabelecimento rural:

» **informações ambientais:** compreendem basicamente:

> "os perímetros e a localização dos remanescentes de vegetação nativa, das áreas de utilidade pública, das Áreas de Preservação Permanente – APP's, das áreas de uso restrito, das áreas consolidadas e das Reservas Legais – RL's, bem como as áreas em recomposição, recuperação, regeneração ou em compensação."

» **área em recuperação:** são áreas alteradas (desmatadas) para o uso agrossilvipastoril que se encontra em processo de recomposição e/ou regeneração da vegetação nativa em Áreas de Preservação Permanente, Uso Restrito e Reserva Legal. Essas áreas não podem ser alteradas (desmatadas), salvo raríssimas exceções.

» **áreas de servidão administrativa:** são áreas utilizadas pelo poder público para alguma obra que vai beneficiar a população em geral. Tais áreas de servidão são ocupadas mesmo que estejam dentro de imóveis rurais particulares (propriedade privada), sem, no entanto, retirá-la de seu dono. Se houver a previsão de uso de áreas de servidão administrativa pelo poder público dentro da área do estabelecimento rural, seu gestor, juntamente com o responsável técnico, deve contemplar essa possibilidade na elaboração do projeto de desenvolvimento sustentável da propriedade.

Exemplos de servidão administrativa: instalação de redes de energia elétrica, implantação de oleodutos, abertura de rodovias, abertura de ferrovias.

Também mostram-se aqui importantes vantagens dos artigos 41 e 58, oriundas da aplicação dos seus instrumentos de apoio à proteção e ao uso sustentável do meio ambiente. Eles fazem parte do Programa de Apoio e Incentivo à Preservação e Recuperação do Meio Ambiente.

O artigo 41 autoriza o Poder Executivo federal "a instituir, sem prejuízo do cumprimento da legislação ambiental, programa de apoio e incentivo à conservação do meio ambiente, bem como para adoção de tecnologias e boas práticas que conciliem a produtividade agropecuária e florestal, com redução dos impactos ambientais, como forma de promoção do desenvolvimento ecologicamente sustentável, observados sempre os critérios de progressividade, abrangendo as seguintes categorias e linhas de ação:

I – pagamento ou incentivo a serviços ambientais, como retribuição, monetária ou não, às atividades de conservação e melhoria dos ecossistemas e que gerem serviços ambientais, tais como, isolada ou cumulativamente:

a) o sequestro, a conservação, a manutenção e o aumento do estoque e a diminuição do fluxo de carbono".

Quanto menos queimada, menos carbono (da fumaça) lançado na atmosfera. Ou seja, quando se mantém a floresta em pé, uma das vantagens é que se está mantendo o armazenamento de carbono. Sabemos a liberação de monóxido e dióxido carbono (e outros gases) é altamente prejudicial à saúde dos animais.

No caso da conservação da beleza cênica natural, sabemos que a beleza da natureza contribui para a saúde dos animais e para o seu equilíbrio emocional. Todos gostam de um contato com a natureza após uma jornada de trabalho.

Quanto à conservação da biodiversidade, pode-se dizer que biodiversidade conservada é fonte garantida de alimento e de remédio. Sem vegetal não existe animal, e vice-versa. Uma floresta não subsistiria sem a presença de animais. Através deles ocorre, por exemplo, o fenômeno da zoocoria.

Fique de olho!

Zoocoria é um termo usado em botânica para definir um método de dispersão de sementes pela ação de animais.

A conservação das águas e dos serviços hídricos é simplesmente vital para a existência de vida. A água é usada para mitigação da sede, irrigação, equilíbrio térmico, fonte de energia elétrica, abrigo de peixes e outros animais, hidrovias etc.

A importância da regulação do clima pode ser mostrada como se segue:

Durante o dia, a floresta impede que os raios solares incidam diretamente no solo, retendo calor da radiação solar e do interior da terra. Também funciona como quebra-vento que evita a erosão dos solos. À noite, ela libera o calor acumulado, impedindo que a temperatura caia abruptamente, como nas partes do deserto onde não há vegetação. Quando o frio invade essa floresta, já é madrugada. Em seguida, esse mesmo frio serve para refrescar as horas matutinas.

Sobre a valorização cultural e do conhecimento tradicional ecossistêmico, pode-se afirmar que é de extrema importância para o desenvolvimento sustentável.

Na Amazônia, por exemplo, a lenda da cobra-grande mantém sustentável a produção de peixes numa comunidade, da seguinte maneira: a comunidade pesca em todos lagos, menos em um, porque nesse, segundo a lenda do lugar, mora a cobra-grande. Assim, tal lago serve de santuário ecológico, de berçário natural, onde a reprodução dos peixes e demais componentes da biota ocorre naturalmente, sem interferências antrópicas.

Sobre a conservação e o melhoramento do solo, lembramos que, para isso, é necessária a presença de minerais, microrganismos e matéria orgânica. Por aí você já conclui que a erosão é a grande inimiga do solo, e protegê-lo é condição fundamental para o desenvolvimento da biodiversidade. Ele serve para sustentar as plantas e fornecer nutrientes para o desenvolvimento delas. Também o desenvolvimento da microfauna e da microflora depende de um solo com boas características estruturais e texturais, protegido por camada de matéria orgânica.

Quanto à manutenção de Áreas de Preservação Permanente, de Reserva Legal e de uso restrito, destacamos aqui a definição de área de preservação permanente:

> "Área de Preservação Permanente – APP: área protegida, coberta ou não por vegetação nativa, com a função ambiental de preservar os recursos hídricos, a paisagem, a estabilidade geológica e a biodiversidade, facilitar o fluxo gênico de fauna e flora, proteger o solo e assegurar o bem-estar das populações humanas".

A função ambiental dessas áreas está ligada à existência da própria vida na Terra, pois possibilita a ocorrência de dois dos fenômenos naturais mais importantes da biosfera, que são a troca de cátions (CTC) e a fotossíntese.

Lembre-se de que, ao comentarmos sobre o Cadastro Ambiental Rural, alertamos que as áreas de preservação permanente não estão sendo identificadas a contento e, consequentemente, não estão proporcionando os devidos incentivos aos produtores que as preservam.

Mas aqui vemos que o legislador não se esqueceu de estabelecer no Código Florestal dispositivos de compensação pelas medidas de conservação ambiental necessários para o cumprimento dos objetivos do código. E aqui destacamos dois desses dispositivos:

a) obtenção de crédito agrícola, em todas as suas modalidades, com taxas de juros menores, bem como limites e prazos maiores que os praticados no mercado;

b) contratação do seguro agrícola em condições melhores que as praticadas no mercado.

Há aqui uma poderosa ferramenta de gestão, pois no empreendimento agrícola, seja ele pequeno, médio ou grande, todas as medidas possíveis de serem tomadas para aumentar o lucro ou diminuir despesas são bem-vindas. E é também extremamente importante que cada atividade seja desenvolvida de acordo com o Zoneamento Ecológico Econômico: na área indicada para agricultura, recurso para agricultura; na área indicada para pesca, recurso para pesca; na área indicada para piscicultura, recurso para piscicultura; onde tem floresta, recurso para manejo florestal, para ecoturismo, e assim por diante. Quem implanta bovinocultura em área indicada para bubalinocultura inevitavelmente paga mais caro.

Na realidade, perdem-se anualmente, por exemplo, milhões de reais, que, diga-se de passagem, poderiam ser investidos na qualidade de vida da população e na melhoria da qualidade ambiental, por não serem aproveitados os recursos florestais de uma floresta em determinado estágio de clímax, através de plano de manejo. Lembre-se que todo ser vivo, depois de cumprir seu ciclo de nascimento, de desenvolvimento e reprodutivo, vai morrer. Evidentemente, a morte natural de uma árvore traz benefícios ecológicos para a sua comunidade, para o seu ecossistema. Entretanto, uma exploração orientada por um plano de manejo sustentável e autorizado pelo órgão ambiental competente é de reconhecido interesse social (artigo 3.º, inciso IX, letra b do Código Florestal), e poderia evitar que a pobreza conviva com a abundância de recursos, como acontece hoje.

Sobre a determinação de se destinar parte dos recursos arrecadados com a cobrança pelo uso da água, na forma da Lei n.º 9.433, de 8 de janeiro de 1997, para a manutenção, recuperação ou recomposição das Áreas de Preservação Permanente, de Reserva Legal e de uso restrito na bacia de geração da receita, é uma decisão racional, porque a água, que se encontra de várias formas (subterrânea, superficial, interior, limpa, suja, destilada, salgada, salobra, potável etc.), é o solvente universal. O corpo humano, por exemplo, contém em torno de 56% de água. Não devemos deixar de lhe dar a devida importância.

Sobre a criação de linhas de financiamento para atender iniciativas de preservação voluntária de vegetação nativa, de proteção de espécies da flora nativa ameaçadas de extinção, de manejo florestal e agroflorestal sustentável realizados na propriedade ou posse rural, ou de recuperação de áreas degradada, é uma decisão acertada, uma vez que um dos principais motivos do desmatamento e consequente desertificação e empobrecimento dos solos é a falta de recursos financeiros para incentivar a preservação dos recursos naturais e recursos para adquirir, por exemplo, calcário para incorporar ao solo. O desmatamento, muitas vezes, acontece na busca por solos férteis, ficando para trás significativa quantidade de áreas antropizadas que não estão sendo efetivamente utilizadas, como as capoeiras, capoeirinhas e capoeirões.

Transformar as capoeiras existentes atualmente em áreas produtivas, ou seja, fazer com que atinjam, simultaneamente, graus de utilização e de eficiência na exploração adequados aos parâmetros preestabelecidos na Lei n.º 8.629/1993, parece ser um dos maiores desafios de equilíbrio entre o agronegócio, a agricultura familiar e a conservação ambiental. Esse procedimento, além de otimizar o aproveitamento dessas áreas, ofertando produtos e serviços ambientais, contribui diretamente para a diminuição das atividades de abertura de novas áreas.

É estrategicamente necessário dispensarmos um tratamento especial às áreas de capoeira, porque, numa escala de consolidação de uso alternativo, essas áreas podem se encontrar em posição intermediária entre as áreas protegidas e as áreas degradadas ou em processo de degradação: tanto podem se aproximar do estado original de floresta primária como também podem vir a se tornar área degradada. Tudo depende da estratégia de ação elaborada para essas áreas, tão importantes no contexto da sustentabilidade.

Uma política pública importante que contribuiria objetivamente com o desenvolvimento sustentável seria o cadastramento das áreas de capoeiras abandonadas, e o reflorestamento, por exemplo, dos 10% da área que se apresentam em estágio mais avançado de desmatamento (em média, um hectare por cada propriedade rural), com distribuição proporcional ao quantitativo de desmatamento por município.

Em cada hectare poderiam ser plantadas cem mudas de espécies florestais consorciadas com espécies frutíferas regionais, com um detalhe importante: o poder público deixaria essas mudas plantadas na área e, além disso, instituiria prêmios anuais para os produtores que apresentassem na vistoria oficial o maior número de mudas plantadas sadias. Dizemos *plantadas* pois há experiências no passado em que foram distribuídas as mudas, mas elas não foram plantadas, ou não vingaram. Isso ocorreu menos por desinteresse do produtor do que por problemas estruturais no campo, como infraestrutura de escoamento, de comercialização, de apoio à saúde e educação para o produtor e sua família.

No dia em que absorvermos a necessidade de investir o necessário em infraestrutura para fixar a família no campo, estaremos contribuindo para o desenvolvimento sustentável. Um bom incentivo para os produtores que se destacarem é o aumento no valor de crédito rural, que pode ser correspondente ao serviço ambiental produzido com o reflorestamento daqueles hectares separados para o programa. Como sugestão, esse programa poderia ser intitulado "Capoeira Zero".

A institucionalização, por meio de um simples certificado de participação como parte dos incentivos, ajudaria na materialização desse programa, que nos ajudaria a obedecer a determinação da Constituição Federal, que diz que a terra deve cumprir a sua função social.

O agricultor também precisa se sentir prestigiado, valorizado, precisa saber que as pessoas reconhecem sua importância. Não é fácil se expor diariamente a sol escaldante, estar sujeito a intempéries, pragas, doenças, oscilações no preço dos produtos, sedução de outras atividades etc. e, ainda assim, continuar fazendo a terra produzir os alimentos que, mais tarde, estarão na mesa de tantas pessoas.

No entanto, para que um programa como esse seja efetivado, é necessária a convergência de muitas forças proativas.

A execução do desenvolvimento sustentável deve estar acima de qualquer bandeira ideológica. Ou todo mundo ajuda, ou não sai do papel.

Mas a rigor, até o momento, não conheço, na história do homem, sequer um avanço duradouro – entenda-se: sustentável – sem a efetiva participação popular.

Quanto à isenção de impostos para os principais insumos e equipamentos, tais como fios de arame, postes de madeira tratada, bombas-d'água, trado de perfuração de solo, entre outros utilizados para os processos de recuperação e manutenção das Áreas de Preservação Permanente, de Reserva Legal e de uso restrito, seria de extrema importância a instituição de uma política para incentivar os produtores a cercarem suas propriedades. Uma vez que a maioria das regularizações fundiárias (veja o item 3.1.8) das propriedades ainda não foi efetivada no Brasil, ainda há muitas propriedades sem cerca, o que favorece invasões de vizinhos e sobreposição de áreas, gerando conflitos. Já houve casos em que a falta de cerca trouxe dupla exploração em açaizais, pois tanto os posseiros como os invasores exploravam determinada área. Também sabe-se de pessoas que perderam uma perna depois de caírem em armadilhas instaladas para matar caças em terrenos de outrem.

Lendo o parágrafo 4º, vemos que:

> "As atividades de manutenção das Áreas de Preservação Permanente, de Reserva Legal e de uso restrito são elegíveis para quaisquer pagamentos ou incentivos por serviços ambientais, configurando adicionalidade para fins de mercados nacionais e internacionais de reduções de emissões certificadas de gases de efeito estufa".

Pode-se concluir, assim, que os imóveis detentores de pelo menos algumas dessas áreas podem receber pagamentos por conservá-las.

O artigo 58 garante apoio técnico e incentivos financeiros, e até medidas indutoras e linhas de financiamento, para atender, prioritariamente, a pequena propriedade ou posse rural familiar (mas quando cita a palavra *prioritariamente* é porque esses benefícios podem ser para todas as propriedades).

Veja a íntegra desse artigo:

> "Assegurados o controle e a fiscalização dos órgãos ambientais competentes dos respectivos planos ou projetos, assim como as obrigações do detentor do imóvel, o poder público poderá instituir programa de apoio técnico e incentivos financeiros, podendo incluir medidas indutoras e linhas de financiamento para atender, prioritariamente, os imóveis a que se refere o inciso V do *caput* do art. 3º, nas iniciativas de:

I – preservação voluntária de vegetação nativa acima dos limites estabelecidos no art. 12.

[ou seja, se o produtor preservar áreas acima do limite exigido por lei, ele é merecedor dos benefícios do artigo 58 mencionado.]

II – proteção de espécies da flora nativa ameaçadas de extinção.

[ou seja, se o produtor proteger espécies da flora nativa ameaçadas de extinção, que porventura existam em sua propriedade, ele é merecedor dos benefícios do artigo 58 mencionado.]

III – implantação de sistemas agroflorestal e agrossilvipastoril.

[ou seja, se o produtor implantar sistemas agroflorestal e agrossilvipastoril em sua propriedade, em detrimento de instalação de monoculturas, mas preferir desenvolver cultivos consorciados, em que combine, por exemplo, plantio de frutas com plantio de florestas, ou plantios de pastagem com florestas, melhorando assim a proteção e conservação do solo, ele é merecedor dos benefícios do artigo 58 mencionado].

IV – recuperação ambiental de Áreas de Preservação Permanente e de Reserva Legal;

V – recuperação de áreas degradadas.

[ou seja, se o produtor investir em medidas de recuperação de áreas degradadas, por exemplo, construção de barricadas e canais de escoamento, plantio de gramas nas encostas, plantio em nível e outras medidas, ele é merecedor dos benefícios do artigo 58 mencionado.]

VI – promoção de assistência técnica para regularização ambiental e recuperação de áreas degradadas.

[ou seja, se o produtor sempre procurar desenvolver suas atividades com orientação técnica, ele é merecedor dos benefícios do artigo 58 mencionado.]

VII – produção de mudas e sementes.

[ou seja, se o produtor investir na produção de sementes e mudas, ele é merecedor dos benefícios do artigo 58 mencionado.]

VIII – pagamento por serviços ambientais.

Como visto, o artigo 58 garante apoio técnico e incentivos financeiros, e até medidas indutoras e linhas de financiamento, para atender o produtor, porém deve apresentar planos ou projetos que, submetidos ao controle e à fiscalização dos órgãos ambientais competentes, estejam de acordo com a legislação ambiental.

Fique de olho!

O artigo 3.º inciso V, de que trata o artigo 58 mencionado se refere à pequena propriedade ou posse rural familiar.

O artigo 12 trata das delimitações das Áreas de Reserva Legal que devem existir nas propriedades rurais.

2.3 Importância dos recursos naturais para o empreendimento agropecuário

Os recursos ambientais (naturais) são a base da produção, incluindo a produção agropecuária.

Os recursos naturais compreendem um grande número de produtos e serviços fornecidos pelo meio ambiente.

Os recursos naturais do planeta Terra contribuem diretamente para a manutenção de todas as formas de vida. Só humanos, somos hoje em torno de 7 bilhões.

Se cada ser humano consumisse apenas um ovo por dia, seriam necessárias 7 bilhões de galinhas para produzir esses ovos, e essas galinhas, para produzirem, precisaram de instalações, ração, água, antibióticos, mão de obra para manejo etc. Sem contar que, no dia seguinte, os humanos precisariam consumir novo ovo, e assim sucessivamente.

Acontece que a distribuição dos recursos naturais no mundo não é uniforme, pois cada recurso natural, como água, outros minerais, vegetação, animais, gases e outros, tem sua adaptabilidade dependente da região do globo terrestre, além de cada região ser identificada pelas condições topográficas (relevos), temperatura, altitude, umidade relativa etc. A distribuição da radiação solar sobre o globo terrestre também influencia diretamente a distribuição dos recursos naturais. Observe-se que na região equatorial há maior incidência de radiação eletromagnética em relação às regiões polares. Essas características vão contribuir para a formação dos variados tipos de solo, de vegetação, de fauna, como também de outros recursos naturais.

Além da irregularidade na sua distribuição, a exploração dos recursos naturais não ocorre de forma racional, especialmente nos dias atuais, quando há forte consumo desses recursos, tornando-os cada vez mais escassos.

Uma das primeiras preocupações ao se elaborar um projeto agropecuário deve ser com os recursos naturais, pois estes têm pelo menos três grandes funções no estabelecimento agropecuário:

I – Fornecer matéria-prima para a obtenção da produção.

II – Manter a qualidade ambiental, ou seja, retirando a matéria-prima de maneira racional, preservando áreas legalmente protegidas.

III – Melhorar a imagem do empreendimento diante da opinião pública, ou seja, praticar e divulgar ações que demonstrem o devido cuidado com o meio ambiente.

Entretanto, a história mostra que os empreendimentos nem sempre exploraram os recursos naturais de maneira racional. Muitos têm dado pouca ou nenhuma importância para a manutenção da qualidade ambiental e muito menos para a imagem desses empreendimentos enquanto usuários desses recursos.

Então, a partir da segunda metade do século passado, surgiu uma preocupação global com a exploração acelerada e desordenada dos recursos ambientais, culminando com protestos, movimentos e conferências em torno do tema da preservação do meio ambiente, o que obrigou sociedades e governos a estabelecerem inúmeros compromissos e legislações voltados para a devida proteção dos recursos ambientais.

Nesse contexto, o Brasil, como participante da comunidade de nações e detentor de uma das maiores biodiversidades do planeta, construiu um arcabouço de leis ambientais que hoje figura como um dos mais avançados do mundo.

Em resumo, pode-se afirmar que, definitivamente, os bens ambientais não são uma coisa distante, dissociada da produção agropecuária. Pelo contrário, sob uma análise mais detida, conclui-se que os produtos agropecuários são o resultado da transformação dos bens ambientais pela mão humana e pelas tecnologias disponíveis.

2.4 Principais métodos de avaliação de dados de recursos naturais

Diante da realidade descrita anteriormente, foi necessário desenvolver métodos e técnicas para a quantificação e valoração dos produtos ambientais, visando à sua utilização pelo homem.

Geralmente sem preço regulamentado no mercado, o valor econômico dos recursos ambientais se manifesta quando a presença desses recursos atende a demanda da sociedade: a sua quantificação e valorização são, portanto, indispensáveis.

De maneira geral, na implantação da maioria das atividades econômicas não são considerados os custos ambientais. É providencial, portanto, a ação da sociedade visando à implantação das políticas ambientais, predefinindo ações de ajustes na utilização do meio ambiente, para que as **externalidades** oriundas da utilização dos recursos ambientais sejam pagas por quem gera a sua degradação e não pelos demais seres vivos a quem também pertence o meio ambiente, mas que não usufruíram equitativamente dos benefícios decorrentes da ação poluidora.

Fique de olho!

Externalidades são custos resultantes da degradação do meio ambiente que não foram pagos por quem gerou essa degradação. Essa degradação afeta terceiros sem que estes sejam compensados.

Os custos ambientais, porém, são incalculáveis. Como não se pode valorá-los, é difícil cobrar os custos dos que geram a degradação ambiental. A maior dificuldade para se comercializar os serviços ambientais é que a comercialização obedece à lógica do mercado, e uma das metas primeiras desse mercado é justamente a redução de custos na produção dos produtos visando à competitividade.

Opostamente a essa postura competitiva nos preços de produtos ambientais, há que se computar as externalidades, os custos ambientais. Ou seja, deve-se gerar renda, mas também deve-se conservar o meio ambiente. Portanto, quando se trata de recursos ambientais, não se podem seguir exclusivamente as leis econômicas da oferta e demanda (as leis de mercado); o desenvolvimento deve ser sustentável. Deve-se ter em mente o princípio da precaução, dado o desconhecimento de muitas variáveis no meio ambiente.

Vale ressaltar aqui que um dos obstáculos enfrentados para o aproveitamento sustentável dos recursos ambientais é a dificuldade de formação de recursos humanos especializados em várias áreas do conhecimento, para atuarem nos sistemas público e privado. Entre essas áreas está a administração de negócios sustentáveis da biodiversidade.

Parabéns, então, para você que está se aprofundando no conhecimento das ferramentas de gestão para o desenvolvimento sustentável da atividade agropecuária. Essa sua atitude contribuirá muito para a sustentabilidade do empreendimento agropecuário no Brasil.

A visão tecnicista do produtor rural, visão essa controlada pelo mercado e suas leis – entre elas as leis da oferta, da procura, do custo/benefício imediatista e da competitividade –, tem impedido o produtor rural de visualizar alternativas de geração de renda, muitas vezes existentes dentro de sua propriedade.

Para que esse produtor rural tenha a dimensão completa das possibilidades de geração de renda do seu empreendimento, é necessário o adequado assessoramento técnico, pois ações decisivas devem ser tomadas visando ao aproveitamento racional da sua propriedade. A simples conclusão de que muitas vezes há atividades que estão sendo executadas e que não devem continuar e de que há atividades que geram renda e não estão sendo exploradas já coloca o empreendimento no caminho certo para o seu desenvolvimento sustentável. Mas para isso é indispensável a ação de mapear e, em seguida, ordenar, numa escala de prioridades, as áreas de exploração, inclusive dos recursos ambientais, de acordo com a capacidade de suporte e aptidões de cada setor do empreendimento. Aí entra a importância da assistência técnica.

A verdade é que ainda falta muito para compensar ou pagar os benefícios que os recursos ambientais geram para os seres vivos. Para começar, é necessário avaliar seus custos, ou pelo menos lhes oferecer um valor aproximado. Ou seja, incluir as externalidades no custo final dos produtos do estabelecimento agropecuário.

2.4.1 Classificação dos valores dos recursos ambientais

» Quando se atribui um valor a um recurso ambiental pelo uso que se faz dele no presente ou pelo seu potencial uso futuro, diz-se que esse é o valor de uso.

» Quando se usa diretamente um recurso ambiental, diz-se que seu valor é valor de uso direto.

» Alguns exemplos de recursos ambientais que podem ser usados diretamente são: madeira, combustível, alimentos, medicamentos, material genético, pesquisa científica, atividades de lazer e atividades culturais.

» O valor de um recurso ambiental é um valor de uso indireto quando ele não proporciona um bem-estar diretamente. Exemplo: enriquecimento e proteção do solo pela matéria orgânica. Nesse caso a matéria orgânica é um recurso ambiental de uso indireto. Outros casos de recurso ambiental de uso indireto são: sequestro de carbono, proteção de mananciais hídricos, regulação microclimática.

» O valor dado, por exemplo, a uma espécie vegetal que está sendo conservada na expectativa de no futuro proporcionar um determinado bem-estar que atualmente é desconhecido é chamado de valor de opção.

Exemplos de recursos para usos futuros associados aos valores de uso direto e aos valores de uso indireto estão ligados ao uso de florestas, à produção de medicamentos a partir de um recurso florestal e à utilização futura de uma floresta para a realização de uma atividade cultural.

» Se um recurso ambiental não está sendo usado e nem há a possibilidade futura do seu uso, é atribuído a ele um valor chamado de valor de existência ou valor de não uso. Tal valor é dado ao recurso ambiental a partir de uma postura ética, cultural ou altruísta.

Exemplos: proteção da biodiversidade e valores culturais.

O processo de delimitação do valor ambiental de um recurso natural é chamado de valoração ambiental.

A soma dos valores de uso e de não uso de um recurso ambiental é denominada de valor econômico do recurso ambiental.

Os principais métodos de avaliação de dados de recursos naturais são: Método da Dose-Resposta (MDR); Método da Produtividade Marginal (MPM); Método do Custo de Reposição (MCR); Método do Custo de Viagem (MCV); Método de Custo Evitado (MCE); Método dos Preços Hedônicos (MPH) ou do Preço da Propriedade (MPP); Método da Valoração Contingente (MVC); Método de Mercado de Bens Substitutos; e Custo de Oportunidade da Conservação (COC).

2.4.1.1 Método da Dose-Resposta (MDR)

O Método da Dose-Resposta atribui valor monetário a um determinado bem, tomando por base os atributos ambientais que esse bem perdeu devido à redução da atividade produtiva associada, após sofrer um dano.

Exemplo

Considere-se uma área que produz determinada quantidade de maracujá (*Passiflora* spp). Ao ser combatida uma praga que está atacando esse plantio de maracujá, com uma dosagem não recomendada de inseticida, ocorreu também uma redução dos insetos polinizadores das flores dessa passiflorácea. Como consequência, poderá haver, entre outros danos, a diminuição na quantidade de flores de maracujá polinizadas, diminuindo assim a produção de frutos. Para obter o valor monetário do dano ambiental, multiplica-se a quantidade de quilos de frutos de maracujá que deixou de ser produzida pelo preço médio esperado no mercado, para cada quilo desse produto.

Imaginamos que se trate de um plantio de maracujá que produz 600 quilogramas de frutos por safra.

Com a morte de certa quantidade de insetos polinizadores, após a aplicação inadequada de inseticida para combater pragas nesse plantio, a produção da safra seguinte foi reduzida para 400 quilogramas.

Pergunta-se: qual o valor monetário do dano ambiental causado ao atributo ambiental atividade dos insetos polinizadores das flores do maracujá, sabendo que o preço por quilograma de frutos de maracujá é R$ 4,00?

Resposta

Dado que:

a produção antes do dano (PAnD) era de 600 kg de frutos por safra;

a produção após o dano (PApD) passou a ser de 400 kg de frutos por safra

tem-se que

a diferença das produções (DifP) medida é dada pela fórmula:

$$DifP = PAnD - PApD$$

Assim, temos:

DifP: 600 – 400 = 200 kg.

Sendo o preço por kg igual a R$ 4,00,

o valor monetário do dano é: 200 × 4 = R$ 800,00.

A perda de insetos polinizadores representa, portanto, um dano ambiental valorado em R$ 800,00.

2.4.1.2 Método da Produtividade Marginal (MPM)

Quando o recurso ambiental que foi danificado é fator de produção ou insumo na produção de um bem ou serviço comercializado em mercado, o Método da Dose-Resposta (MDR) é chamado de Método da Produtividade Marginal (MPM). Esse método é geralmente utilizado no cálculo de danos ambientais que prejudicam as atividades de terceiros.

Exemplo

Uma pousada localizada à beira de uma praia hospeda por semana 20 turistas. Mas, com a ocorrência de um vazamento de petróleo de um navio petroleiro nas proximidades da praia, causando um dano ambiental, essa pousada teve uma queda pela metade no número de hóspedes na semana seguinte.

Sabendo que cada hóspede gera um lucro de R$ 25,00 para aquela pousada, pergunta-se: qual o valor do prejuízo arcado pela pousada na semana seguinte, em função do dano ambiental vazamento de petróleo nas proximidades da praia?

Resposta

Sendo 20 o número de turistas hospedados na pousada por semana, com cada um desses turistas deixando um lucro R$ 25,00, então o lucro da pousada era de 20 × R$ 25,00, ou seja, R$ 500,00.

Porém, com a ocorrência do dano ambiental vazamento de petróleo, o número de turistas hospedados na pousada caiu pela metade. Então essa pousada teve uma clientela de apenas 10 (metade de 20) turistas na semana seguinte. Assim, o seu lucro, que era de R$ 500,00, baixou para R$ 250,00 (10 × R$ 25,00).

Portanto, o dano ambiental causado pelo vazamento de petróleo nas proximidades da praia custou, para aquela pousada, R$ 250,00.

Pode-se afirmar que houve muito mais danos relacionados ao vazamento de petróleo nas proximidades da praia. Se, por exemplo, naquela praia há barracas vendendo água de coco, pode ter havido diminuição na venda desse produto. Se há atividades de pesca nas proximidades, pode ter afetado a produção pesqueira.

Assim, esse Método da Produtividade Marginal relaciona o dano físico ocorrido a diferentes níveis de qualidade do recurso ambiental.

O MPM também pode ser empregado para estimar valores de opção quando se estabelece a probabilidade de que efetivamente ocorra a atividade cuja produção futura seja prejudicada.

Mas fica evidente que esse método da produtividade marginal não serve para o valor econômico total do impacto ambiental a ser estudado. Na verdade, nenhum método tem elementos para valorar a totalidade de determinado dano ambiental, devido às múltiplas e complexas funções desempenhadas no meio ambiente, de muitas das quais não se tem conhecimento.

2.4.1.3 Método do Custo de Reposição (MCR)

Esse método estima o custo necessário para se repor um recurso ambiental perdido ou danificado visando à manutenção do bem-estar proporcionado pelo uso daquele recurso ambiental.

Exemplo

Considere duas áreas de igual tamanho, em cada uma delas sendo produzidos em uma primeira safra 2.500 kg de feijão. Para a segunda safra, a nutrição do solo de uma dessas áreas foi corrigida com 300 kg de calcário dolomítico, que custou ao produtor rural R$ 400,00 (aquisição do calcário + mão de obra de incorporação ao solo). A área cujo solo recebeu a correção pela adição do calcário repetiu a mesma produção do ano anterior. Mas a área que não foi corrigida com calcário dolomítico só produziu 2.100 kg de feijão.

Assim, pode-se dizer que o custo de reposição para manutenção da produção no patamar original foi de R$ 400,00.

2.4.1.4 Método de Custo Evitado (MCE)

Esse método pode ser aplicado em situações em que o custo incorrido para se evitar a ausência dos benefícios de um recurso ambiental é adotado como forma de estimar o valor de um dano ambiental associado. É uma valoração indireta do dano ambiental.

Exemplo

Ocorreu a contaminação da fonte A de água potável que fornece mil garrafões de água potável por semana, a ponto ser necessária a suspensão do fornecimento desses mil garrafões de água durante essa semana a partir dessa fonte A. Para manter estável o abastecimento dos consumidores, foram comprados os 1.000 garrafões de água potável da fonte B, ao custo de R$ 8,00 por garrafão.

Pergunta-se: qual o valor do dano ambiental ocorrido na fonte A?

Resposta

1.000 garrafões adquiridos da fonte B x R$ 8,00 = R$ 8.000,00.

Assim, o custo do dano ambiental ocorrido na fonte A é de R$ 8.000,00.

Lembre-se

Nenhum método de valoração de recursos naturais é capaz de estimar o valor exato do dano ocorrido. Neste caso mesmo, em que aplicamos o método do custo evitado, que é um método de valoração indireta do dano, observa-se que não foi possível calcular toda a dimensão da contaminação da fonte A. Não se pode saber se apenas a água foi contaminada, ou se houve espécies animais ou vegetais atingidas, por exemplo.

2.4.1.5 Método dos Preços Hedônicos (MPH) ou do Preço da Propriedade (MPP)

Esse método calcula o preço de determinada propriedade levando em consideração um dano ou um benefício ambiental diretamente ligado àquela propriedade.

Será mensurada a disposição a pagar (DAP) do consumidor em função da existência do dano no benefício ambiental relacionado.

Exemplo

Para ampliar seu empreendimento, um produtor agropecuário pretende comprar uma área de terra. Foram-lhe apresentadas duas áreas com tamanhos iguais e mesma distância da sede dos seus negócios, sendo que na área A possui como maior fonte de água um córrego efêmero e pela área B passa um caudaloso rio perene. A área B está sendo oferecida por um preço 5% maior do que o preço da área A.

Pergunta-se: qual área deve ser adquirida pelo produtor, sabendo-se que sua atividade principal exige grande consumo de água?

Resposta

A área escolhida pelo produtor é a área B, mesmo sendo comprada por um preço 5% acima do preço da área A, pois a disposição a pagar do produtor se justifica devido ao fato de que na área B há maior abundância do recurso ambiental água.

2.4.1.6 Método do Custo de Viagem (MCV)

Esse método valora os custos demandados por pessoas em troca do prazer de visitarem lugares de significativo valor ambiental. São estimados os custos desde os gastos de deslocamento dessas pessoas até despesas gerais com os preparativos da viagem. O ganho é a melhoria do bem-estar dessas pessoas.

2.4.1.7 Método de Mercado de Bens Substitutos

Esse método é utilizado quando é difícil encontrar no mercado preço para um produto obtido a partir de um recurso ambiental. Então se utilizam os preços praticados no mercado pela comercialização de bens substitutos do produto ou do recurso ambiental.

Exemplo

Se um produtor rural vende óleo de mamona beneficiado em sua propriedade como combustível para veículos automotores, mas não encontra preço regulamentado no mercado para esse tipo de combustível, então ele adota o preço praticado no mercado para o óleo diesel como referência para a venda do seu óleo de mamona. Nesse caso, o óleo diesel é o bem substituto cujo preço serviu de base para a comercialização do óleo de mamona.

2.4.1.8 Método da Valoração Contingente (MVC)

Esse método, aplicado com base em entrevistas, exprime a disposição que os indivíduos entrevistados têm de pagar para melhora no seu bem-estar, por meio da preservação, uso ou restauração de um recurso ambiental, ou a disposição a aceitar a não melhora da qualidade ambiental.

A entrevista pode sugerir valores que o entrevistado estaria disposto a pagar pela manutenção de determinado recurso ambiental.

A forma de pagamento pode ser através de taxas, impostos, tarifas etc.

Exemplo

Pode ser perguntado ao entrevistado quanto ele poderia pagar mensalmente para que os níveis de poluição atmosférica caíssem pela metade. Então sugere-se um valor mensal que poderia ser pago em forma de taxa. Em seguida, o entrevistado avalia se o valor sugerido atende sua expectativa. Caso contrário, é sugerido outro valor, até chegar num valor aceito pelo entrevistado.

2.4.1.9 Custo de Oportunidade da Conservação (COC)

Esse método estima o custo de conservação do bem ambiental por meio da mensuração do custo de oportunidade de atividades econômicas que deixaram de ser desenvolvidas devido às ações de proteção ambiental, tendo em vista os benefícios ecológicos da conservação.

Exemplo

Os benefícios de se manter uma área de floresta em pé são maiores do que se essa floresta fosse destruída integralmente para o estabelecimento de pastagem. Isso porque, em pé, essa floresta está retendo carbono, está sendo fonte de produção de oxigênio, está protegendo o solo e tantas outras funções ecossistêmicas.

Daí, vêm duas conclusões: manter a floresta em pé é mais vantajoso, mas a estimativa do valor econômico auferido se fosse estabelecida pastagem na área, serve para se estimar um valor de custo de conservação da referida floresta.

> **Amplie seus conhecimentos**
>
> Você sabia que no Código Florestal (Lei n.º 12.651/2012) são previstos inúmeros incentivos para quem protege a vegetação nativa ou recompõe áreas de vegetação nativa destruídas?
>
> São descritos quatro tipos de áreas dentro da propriedade ou posse rural:
>
> » área de preservação permanente: deve ser preservada;
> » área de uso restrito: "é permitida a exploração ecologicamente sustentável" (artigo 10);
> » área de reserva legal: de uso sob plano de manejo florestal sustentável;
> » área de uso alternativo: área que pode ser utilizada para o desenvolvimento das atividades agropecuárias.
>
> Para saber mais, acesse: <http://www.planalto.gov.br/legislacao>.

Vamos recapitular?

Neste capítulo, estudamos os métodos de avaliação de dados de recursos naturais, pois os recursos existentes na região em que será implantado o projeto agropecuário precisam ser valorados para que o produtor rural elabore e execute o seu projeto com a segurança de que vai ter à disposição os recursos ambientais de que necessita. Também foi mostrada a base legal que dá proteção ao manejo sustentável dos recursos ambientais, a partir da Constituição Federal, passando por Resoluções do Conselho Nacional do Meio Ambiente (Conama) e pelo Código Florestal.

Agora é com você!

1) Cite o nome de quatro bens ambientais.

2) Qual é a definição de serviços ambientais?

3) Quando o artigo 225 da Constituição Federal afirma que "Todos têm direito ao meio ambiente ecologicamente equilibrado", esse "todos" se refere só aos seres humanos?

4) Qual é a diferença entre o valor de um recurso ambiental de uso direto e o valor de um recurso ambiental de uso indireto?

5) Cite quatro métodos de avaliação de dados de recursos naturais.

6) Qual é o método que calcula o custo necessário para repor o recurso ambiental perdido visando à manutenção do bem-estar proporcionado pelo uso desse recurso ambiental?

7) A fazenda Estrela Rubra do produtor Hilário Cabrera, possui 2.000 metros de comprimento por 500 metros de largura. Sabendo-se que por todo o seu comprimento passará uma ferrovia que requer uma faixa de servidão administrativa de 40 metros de largura, pergunta-se:

   a) Quantos hectares dessa fazenda o produtor Hilário Cabrera deve disponibilizar para o poder público estabelecer a faixa de servidão?

   b) Quantos hectares da fazenda restarão para o esse produtor desenvolver seu projeto sustentável?

Noções sobre Organização de Políticas para o Setor Agropecuário

Para começar

Neste capítulo veremos que o Brasil é uma potência agropecuária, com um setor que responde por significativa fatia das nossas exportações. Veremos também qual é a importância da Política Agrícola e de investimentos públicos para a sociedade como um todo.

Atualmente, o Brasil pode ser considerado uma potência mundial no setor agropecuário, com grande presença tanto no quadro de exportação brasileira, quanto no abastecimento do mercado consumidor interno. Para a manutenção desse cenário, o País tem juntado esforços ao longo dos anos, esforços que compreendem estudos, capacitações e domínio de tecnologias, além de condições políticas, estruturais e naturais suficientemente favoráveis.

Assim, os fatores de produção terra, capital e trabalho executam seu objetivo, que é a produção com qualidade, e a cada ano o País vem conquistando maiores índices de produtividade.

A agropecuária é o principal produto do agronegócio brasileiro.

Também é importante esclarecer que o setor agropecuário brasileiro está dividido em dois subsetores: o das grandes empresas agropecuárias, que dá maior ênfase aos produtos de exportação, sob a coordenação do Ministério da Agricultura, Pecuária e do Abastecimento, e o setor dos pequenos produtores, com a maioria da produção voltada para o setor interno, coordenado pelo Ministério do Desenvolvimento Agrário.

Todos esses esforços e condições, coordenados pelo Governo Federal, através dos Ministérios da Agricultura, Pecuária e do Abastecimento e do Ministério do Desenvolvimento Agrário, juntamente com vários órgãos de apoio, como a Empresa Brasileira de Pesquisa Agropecuária (Embrapa), a Companhia Brasileira de Abastecimento (Conab), o Instituto Brasileiro de Geografia e Estatística (IBGE), o Instituto Nacional de Pesquisas Espaciais (Inpe) e o Instituto Nacional de Colonização e Reforma Agrária precisam ser disciplinados harmonicamente para que possam continuar produzindo resultados como os alcançados até este momento.

3.1 Política agrícola brasileira

A Política Agrícola trata das ações de planejamento, financiamento e seguro da produção agropecuária. Essas ações estão divididas em: gestão do risco rural, crédito rural e comercialização da produção e englobam: estudos dos riscos a que estão submetidas as atividades agropecuárias, linhas de créditos agropecuários, incentivos financeiros e pesquisa de dados, tudo sob a coordenação dos órgãos federais do setor.

A Política Agrícola é disciplinada pela Lei n.º 8.171/1991.

Vamos aqui analisar os principais artigos dessa Lei, com o objetivo de mostrar a importância que o setor agropecuário brasileiro tem no seio da sociedade.

O artigo primeiro dessa lei mostra que as atividades agropecuárias, agroindustriais, pesqueira e florestal são exercidas sob os seus fundamentos.

Fique de olho!

O parágrafo único do artigo 1.º da Lei n.º 8.171/1991 convenciona que a produção, o processamento e a comercialização dos produtos, subprodutos e derivados, serviços e insumos agrícolas, pecuários, pesqueiros e florestais fazem parte da atividade agrícola.

Observa-se no inciso primeiro do artigo 2.º a posição central dos recursos naturais para a realização da atividade agrícola, que, atendendo à diretriz constitucional, enquadra essa atividade dentro das "normas e princípios de interesse público" para que a propriedade cumpra sua função social e econômica.

A Lei n.º 8.629/93, no seu artigo 9.º, explica que a propriedade rural cumpre a sua função social quando há simultaneamente:

» o seu aproveitamento racional e adequado;

» a utilização adequada dos recursos naturais disponíveis nessa propriedade com a devida preservação do meio ambiente que deve ser preservado;

» observância das disposições que regulam as relações de trabalho, ou seja, os trabalhadores devem estar devidamente amparados, com carteira de trabalho assinada, e também não deve haver trabalho escravo;

» exploração que favoreça o bem-estar dos proprietários e dos trabalhadores. Ou seja, os produtos obtidos na propriedade devem ser comercializados a preço justo e os trabalhadores devem receber salários dignos.

3.1.1 Setor agrícola

O inciso 1.º do artigo 2.º explica que o setor agrícola engloba grandes segmentos da economia, como: o setor produtivo rural, o setor de produção de insumos, a agroindústria, o setor de comercialização e a cadeia de abastecimento.

Assim, a atividade agrícola tem um peso considerável na formulação de políticas públicas e na geração de emprego e renda.

No inciso 5.º, essa lei reconhece que os estabelecimentos rurais onde é gerada a produção agrícola são heterogêneos quanto a:

a) Estrutura fundiária: a estrutura fundiária dos cerca de cinco milhões de imóveis rurais brasileiros (OLIVEIRA, 2013, p. 29) é muito variável. Nessa estrutura há propriedades, posses, ocupações, atividades sendo desenvolvidas em regime de parcerias, outras em regime de arrendamento etc. De modo que a Política Agrícola tem que formular mecanismos que atendam a todas essas modalidades de imóveis. Evidentemente, os benefícios dispensados a um estabelecimento rural que é uma propriedade com matrícula em cartório são muito maiores e liberados com mais facilidade do que para um estabelecimento instalado em uma posse sem título de propriedade. Ou seja, a situação da estrutura fundiária contribui diretamente para a efetivação dos incentivos da Política Agrícola no estabelecimento agropecuário.

b) Condições edafoclimáticas: ao longo das terras agricultáveis brasileiras há diversos tipos de solo, com variados níveis de nutrição, de topografia, de relevo, e também submetidos a diversos regimes climáticos. Tudo isso favorece o cultivo de variados tipos de culturas agrícolas e a criação de diversos tipos de animais.

c) Disponibilidade de infraestrutura: o desenvolvimento da atividade agrícola em um estabelecimento agropecuário se dá melhor se esse estabelecimento se localiza próximo de estradas trafegáveis o ano todo para escoamento da produção e de energia elétrica suficiente para movimentar eventuais máquinas utilizadas na produção agropecuária do estabelecimento.

d) Capacidade empresarial: se o produtor rural tem experiência e conhecimento empresarial ou pode contratar mão de obra especializada nessa área, seu empreendimento tem maiores oportunidades de desenvolvimento.

e) Níveis tecnológicos: na atividades agropecuária há basicamente três níveis de manejo: o nível de manejo A é aquele em que o produtor desenvolve suas atividades apenas com força de trabalho do seu corpo. É a agricultura do toco, de baixíssimo nível tecnológico. O nível de manejo B ocorre em estabelecimentos agropecuários em que o produtor já desenvolve suas atividades utilizando alguma tecnologia como o uso de tração animal. E o nível de manejo C é aquele em que o produtor já utiliza alta tecnologia, como uso de máquinas computadorizadas e pulverização através de avião. Evidentemente cada nível de manejo tem sua importância dentro da estrutura do País.

f) Condições sociais, econômicas e culturais: essas condições, relacionadas com as pessoas envolvidas na atividade agrícola, também são decisivas na efetivação da Política Agrícola.

As condições sociais estão ligadas a nível educacional e de conhecimento tanto do produtor rural como dos trabalhadores. As condições econômicas se referem à capacidade que o produtor rural possui de investir no empreendimento, e a condição cultural se refere aos costumes, comemorações e saberes reinantes na comunidade onde se encontra instalado o empreendimento rural.

Por exemplo, se um produtor rural pretende implantar uma atividade de piscicultura num município que vive das atividades de pesca artesanal, poderá ter dificuldade de implantação do seu projeto antes da realização de um estudo fundamentado para saber, por exemplo, se vai ser fácil contratar mão de obra na região, pois a cultura do lugar é trabalhar com pesca artesanal e não com cultivo de peixe em cativeiro (piscicultura).

No inciso 4.º, a Política Agrícola mostra o fim a que se propõem todas as atividades humanas: o bem-estar do ser humano. Aqui a Política Agrícola relaciona o desenvolvimento agrícola aos serviços essenciais de saúde, educação, segurança pública, transporte, eletrificação, comunicação, habitação, saneamento, lazer e outros benefícios sociais para o homem do campo.

O artigo 3.º traz os objetivos da Política Agrícola. Assim, o seu primeiro objetivo é a determinação para o Estado exercer a importante função de planejamento, para subsidiar os setores público e privado na grande e nobre missão de:

» assegurar o avanço da produção agrícola em termos de volume de produção e da produtividade agrícolas. Para isso, coloca à disposição os órgãos que atuam no setor, como a Empresa de Pesquisa Agropecuária (Embrapa), que têm importante papel no desenvolvimento de sementes e mudas de alta qualidade entre outros objetivos;

» assegurar a regularidade do abastecimento interno, especialmente alimentar. Manter equilibrada a oferta de alimento e demais produtos agropecuários não é tarefa fácil em um país do tamanho do Brasil. Se isso acontece com um mínimo de problemas do abastecimento, é porque o Estado está implementando a sua Política Agrícola;

» assegurar a redução das disparidades regionais: a Política Agrícola, com seus instrumentos, é trabalhada de maneira que todas essas regiões do País tenham oportunidade de continuar se desenvolvendo.

O segundo objetivo da Política Agrícola estabelece que o Estado brasileiro deve sistematizar suas ações de modo a proporcionar aos diversos segmentos que atuam no setor da agricultura a garantia necessária para eles poderem planejar a execução de suas atividades com segurança.

Por exemplo, quando o Ministério da Agricultura, Pecuária e do Abastecimento divulga que no próximo ano a produção de frango vai diminuir 5% em relação à produção do presente ano, os produtores de frango já saberão que poderão aumentar o preço do frango em função da diminuição da oferta. Ou então poderão trabalhar para que a produção volte a aumentar nos próximos anos. Ou seja, uma notícia dada pelo Ministério da Agricultura, Pecuária e do Abastecimento sempre causa reação nos diversos segmentos do setor agropecuário. Mas notícias como essa só são divulgadas após a realização de estudos fundamentados, através de órgãos auxiliares do setor agropecuário, como o Instituto de Geografia e Estatística (IBGE). Além disso, as informações oficiais são devidamente publicadas no Diário Oficial da União para que cumpram os seus efeitos.

> **Fique de olho!**
>
> Quando essa lei cita o termo Estado, está se referindo ao Estado brasileiro, ao próprio Brasil.
>
> Quando um Estado da Federação ou um município executa ações emanadas da Política Agrícola, ali o Estado brasileiro também está presente.

O terceiro objetivo da Política Agrícola é eliminar "distorções que afetam o desempenho das funções econômica e social da agricultura".

Esse objetivo garante que a produção agropecuária não seja depreciada ou desvalorizada no mercado, ou seja, apoia a criação da política de preço mínimo para os produtos agropecuários. Além disso, combate frontalmente a exploração do trabalho escravo e infantil no setor agropecuário.

No quarto objetivo da Política Agrícola é reconhecida a função estratégica dos recursos ambientais para a sustentabilidade da produção agropecuária, quando ordena a proteção do meio ambiente, a manutenção do seu uso racional e estimula a recuperação de recursos.

O quinto objetivo estudado mostra a importância da descentralização da execução dos serviços públicos de apoio ao setor rural junto aos estados e municípios, para que, de forma complementar, esses entes assumam suas respectivas responsabilidades na execução da Política Agrícola.

O sexto objetivo da Política Agrícola cita a importância de compatibilizar "as ações da Política Agrícola com as de reforma agrária, assegurando aos beneficiários o apoio à sua integração ao sistema produtivo".

Atualmente, a condução da Política Agrícola é feita pelo Ministério da Agricultura, Pecuária e do Abastecimento, e as ações de reforma agrária são conduzidas pelo Ministério do Desenvolvimento Agrário.

Ainda, o sexto objetivo garante a integração do produtor assentado da reforma agrária após a sua emancipação, ou seja, quando ele estiver estabilizado, com condições de conduzir seu estabelecimento agropecuário conforme as diretrizes da Política Agrícola.

As ações do Ministério da Agricultura, Pecuária e do Abastecimento se voltam principalmente para a formulação das políticas norteadoras da atividade agrícola e para a produção e o abastecimento, e as ações do Ministério do Desenvolvimento Agrário são voltadas para a agricultura familiar, com o atendimento a famílias nos projetos de reforma agrária, dando a assistência necessária para a firmação desses famílias como futuras produtoras rurais. Daí o uso da expressão "integração ao sistema produtivo" destacado no enunciado desse objetivo.

A Política Agrícola é organizada institucionalmente através do Conselho Nacional de Política Agrícola (CNPA), instituído pelo artigo 5.º da presente lei e composto por representantes dos Ministérios da Agricultura, do Desenvolvimento Agrário, da Fazenda e Planejamento, do Banco do Brasil, da Confederação Nacional da Agricultura, da Confederação Nacional dos Trabalhadores na Agricultura (Contag), da Organização das Cooperativas Brasileiras, ligadas ao setor agropecuário, do Departamento Nacional da Defesa do Consumidor, do Ministério do Meio Ambiente, da Secretaria do Desenvolvimento Regional, do Ministério da Infraestrutura, e representantes dos setores econômicos privados abrangidos pela Lei Agrícola, de livre nomeação do Ministério da Agricultura.

As atribuições do CNPA são:

III – orientar a elaboração do Plano de Safra;

IV – propor ajustamentos ou alterações na Política Agrícola;

VI – manter sistema de análise e informação sobre a conjuntura econômica e social da atividade agrícola.

O CNPA tem o poder, por exemplo, de propor alteração na quantidade de recursos financeiros para o Plano Safra.

Fique de olho!

O Plano Agrícola e Pecuário (PAP), ou Plano Safra, é o resumo das diretrizes da Política Agrícola para o período de um ano, a começar no início de julho de um ano e findando no final de junho do ano seguinte. O Governo Federal lança o Plano Safra com o fim de orientar o produtor rural sobre os tipos de financiamentos disponíveis para o desempenho de suas atividades agropecuárias e esclarecer as propostas de apoio à comercialização da produção junto aos mercados interno e externo com projeção da geração de emprego e renda.

No caso, por exemplo, de constatação de grande áreas em franco processo de degradação, o CNPA pode propor ações no sentido de direcionar apoio financeiro e institucional para a recuperação de tais áreas. Pode também propor ações restritivas para os causadores de degradação de solos. Essas restrições podem ser maior dificuldade de acesso aos créditos disponíveis para o setor agropecuário.

Pelo texto do oitavo objetivo da Política Agrícola constata-se a importância do desenvolvimento da ciência e da tecnologia agrícola para o desenvolvimento sustentável da agropecuária. Pois aí determina-se que a ciência e a tecnologia devem ser promovidas e estimuladas em todos os níveis, principalmente para assegurar a produção interna.

Quando o nono objetivo da Política Agrícola assegura a participação de todos os segmentos partícipes do setor rural na "definição dos rumos da agricultura brasileira", pode-se concluir que os pequenos produtores assistidos pelos programas assistenciais da reforma agrária, agricultores tradicionais, ribeirinhos, extrativistas e outros têm a mesma importância dos grandes produtores com seus monocultivos, porque, enquanto os pequenos produtores produzem uma grande variedade de produtos, para o seu sustento e de suas famílias, e ainda comercializam o excedente da produção principalmente no mercado interno, os produtores rurais já integrados ao sistema produtivo produzem com maiores recursos tecnológicos e, além de contribuir com a regularidade do abastecimento interno, ainda exportam grande quantidade de alimentos, trazendo divisas para o País.

Por que tanto os pequenos produtores como os grandes produtores dependem uns dos outros? Os grandes produtores, sozinhos, não têm capacidade de produzir todo o alimento de que o País precisa. Assim como os pequenos produtores, sozinhos, não têm estrutura suficiente para produzir excedentes para exportação permanente. Por isso um grupo complementa o outro.

Enquanto os grandes produtores são detentores de variedades de plantas e raças de animais altamente produtivas, os pequenos produtores detêm um rico e diversificado material genético guardado nas sementes que cultivam e nos animais que detêm.

É importante destacar que vários segmentos, como comércio de insumos agrícolas, tais como vacinas e adubos, atendem tanto os pequenos produtores como os grandes.

> **Amplie seus conhecimentos**
>
> Divisas, neste contexto, equivalem à receita, ou seja, ao vender a produção agropecuária para outros países o setor do agronegócio traz recursos financeiros para o País.
>
> Já agronegócio é o conjunto de atividades em torno da produção agropecuária. Atualmente o Brasil é referência no mundo em termos de produção agropecuária. Quatro fatores em especial contribuíram para que o País atingisse esse patamar: o volume de conhecimento buscado e acumulado nas áreas da pesquisa e tecnologia agrícola, a grande extensão de áreas agricultáveis existentes por todo o País, o aumento da fome no mundo e a expansão da globalização, proporcionando maior poder de compra a vários países importadores de alimentos do Brasil, como por exemplo a Rússia.
>
> Observa-se que nos últimos 20 anos ocorreu maior número de iniciativas do setor privado no campo da agropecuária, cabendo ao Estado apenas regular a atividade através da efetivação da política pública para esse setor, participar com parte do financiamento da produção e articular externamente a comercialização da produção. Ou seja, o setor passou a ter maior fatia de investimentos privados. Isso dinamizou a atividade agropecuária, proporcionando vertiginoso progresso a partir do campo, provedor de tecnologia e negociador externo.
>
> Veja alguns desafios para a continuidade do agronegócio:
>
> » Dado o caráter de atividade de risco que detém a atividade agropecuária, é importante que o Governo continue favorecendo o setor do agronegócio com crédito rural. Porém, aí é importante se precisar o volume direcionado para esse setor, pois nem o Governo tem recursos para arcar com os custos do agronegócio sozinho, nem o agronegócio dispõe da sustentabilidade necessária para atender as demandas por alimentos existentes no País.
>
> » O Governo deve continuar fortalecendo os investimentos em ciência e tecnologia agropecuária, capacitação de mão de obra e ampliação de infraestrutura no campo, como a construção e ampliação de armazéns, portos, ferrovias e hidrovias, armazenamento, transporte rodoviário, hidroviário e ferroviário.
>
> Você sabe o que é globalização?
>
> A globalização é um processo impulsionado pela necessidade que o comércio internacional tem de ampliar seus mercados por todo o mundo. Para isso as grandes corporações empresariais investem para que o maior número possível de pessoas seja interligado por motivos econômico, cultural, político ou social.
>
> Uma característica marcante da globalização é a pouca importância dada às fronteiras geográficas dos países.

O décimo primeiro objetivo da Política Agrícola incentiva o processo de agroindustrialização da produção agropecuária. Esta constitui uma medida estratégica, porque a agroindustrialização agrega valor à produção, trazendo maior preço para os produtos agropecuários, e ajuda a combater um grave problema do setor de produção de alimento, que é o desperdício. Atualmente, há casos de perda de 35% de alimentos produzidos (OLIVEIRA, 2013, p. 38).

Essa perda se deve aos desperdícios verificados nas fases de colheita, beneficiamento, armazenamento, embalagem, transporte e comercialização. E produção desperdiçada é adubo jogado fora, mão de obra jogada fora, material jogado fora, tempo perdido, lucro, emprego e impostos também perdidos.

Uma perda de 35% numa produção de alimentos de 10 toneladas equivale 3.500 kg de alimentos jogados fora.

O décimo terceiro objetivo da Política Agrícola trata da promoção da saúde animal e da sanidade vegetal, estabelecendo, para alcançar essa promoção, inúmeras medidas de controle sanitário visando à manutenção da saúde dos rebanhos e dos plantios livres de pragas e doenças. As campanhas de combate a pragas e doenças como o combate à mosca da carambola (*Bactrocera carambolae*), que ataca vários tipos de frutas, e a vacinação dos animais são algumas da medidas sanitárias desenvolvidas a partir de diretrizes da Política Agrícola.

Um item de grande importância para a segurança e credibilidade do sistema agropecuário é o de que trata o décimo quarto objetivo da Política Agrícola, que é a promoção da idoneidade dos insumos e serviços empregados na agricultura.

Um exemplo é a aquisição de adubos químicos: uma empresa idônea vai sempre fornecer esses produtos com os teores corretos de micronutrientes conforme indicado na formulação dos rótulos, para não ocorrer que o produtor comprador dê preferência para adquirir esses produtos de outro fabricante.

Por outro lado, a Política Agrícola instituiu como um de seus objetivos assegurar a qualidade dos produtos agropecuários, seus derivados e resíduos de valor econômico. conforme está escrito no décimo quinto objetivo. Esse objetivo é importantíssimo, porque a saúde da população depende diretamente dos alimentos que consome. O controle de qualidade em todo o processo de produção dos alimentos e, também, até o momento de sua aquisição pelos consumidores, é feito visando acima de tudo à preservação da saúde da população. Daí ser obrigatória, por exemplo, retirar da prateleira de venda os alimentos que estão fora do prazo de validade.

A manutenção da qualidade dos produtos agropecuários é item indispensável para se poder exportá-los. Existem rigorosas leis e normas internacionais que regulamentam as atividades comerciais entre os países. Há tratados que o País é obrigado a assinar para poder exportar seus produtos.

Um exemplo é o Tratado de Assunção, firmado em 1991 no Paraguai pelos países-membros fundadores: Brasil, Argentina, Paraguai e Uruguai. Também chamado Mercosul, esse tratado visa ao estabelecimento do livre-comércio de bens e serviços entre esses países. Para isso houve a eliminação de cobrança de tributos que impediam a circulação de mercadorias.

Posteriormente outros países se uniram ao bloco. São eles: Equador, Bolívia, Peru, Chile, Colômbia, Venezuela e o México, este como Estado observador.

O décimo quinto objetivo da Política Agrícola apoia a concorrência leal entre os agentes que atuam no setor agropecuário e a sua proteção contra as práticas desleais e riscos de doenças e pragas exóticas. Essa concorrência leal é importante porque estimula o desenvolvimento tecnológico.

Exemplo: como um produtor pode ter mais lucro em relação a outro produtor que comercializa a mesma quantidade de produto a um mesmo preço de mercado?

Esse produtor talvez utilize variedades de sementes mais produtivas, que proporcionam uma produção em menos tempo, ou seja, que oferece mais produtividade, e isso é obtido através de investimento na aquisição dessas sementes em fornecedores idôneos, que desenvolvem sementes a partir de estudos técnicos e pesquisa científica em órgãos de pesquisa públicos ou privados.

O décimo sexto objetivo reforça a determinação de "melhorar a renda e a qualidade de vida no meio rural".

Todo investimento visando à melhora da qualidade de vida no meio rural é justificado devido a vários motivos:

> » se a qualidade de vida melhora no campo, há fixação de famílias e profissionais ali. Isso garante a continuidade dos processos produtivos com o aproveitamento de mão de obra local, a diminuição do inchaço populacional das grandes cidades e a distribuição do desenvolvimento por todas as regiões do País.

O artigo 4.º da Lei da Política Agrícola discrimina as ações e instrumentos utilizados para que se alcancem os objetivos dessa política do setor agropecuário, e determina que esses instrumentos deverão orientar-se pelos planos plurianuais.

Fique de olho!

O que significa Plano Plurianual?

O artigo 165 da Constituição Federal estabeleceu o Plano Plurianual como instrumento do Governo que planeja diretrizes, objetivos e metas da Administração Pública para um período de 4 anos. Nele, as ações do Governo são organizadas em programas de desenvolvimento de políticas para o benefício da população. É aí que estão incluídas as ações da Política Agrícola.

Esse plano é publicado em forma de lei, e suas ações detalham as metas a ser alcançadas, como o aumento da produção agrícola, além de prever os recursos para que se alcance essa produção e apontar a população a ser beneficiada.

3.1.2 Ações e instrumentos da política agrícola

A Política Agrícola dispõe de vários instrumentos e ações para sua efetivação enquanto criadora gestora das políticas públicas necessárias para a efetivação e bom desenvolvimento da atividade agrícola. Esses instrumentos e ações abrangem todos os setores rurais e se refletem em toda a sociedade, inclusive se expandindo para além das fronteiras do País, pois parte da produção é exportada.

Vejamos a seguir quais são esses instrumentos, e suas respectivas ações e especificidades.

3.1.2.1 Planejamento agrícola

Esse planejamento será feito de forma equilibrada, democrática e participativa, envolvendo todos os Estados da Federação, órgãos e entidades públicas e privadas do setor agropecuário, e incluirá planos de desenvolvimento agrícola plurianuais, planos de safras e planos operativos anuais de acordo com instrumentos gerais de planejamento que observarão as especificidades do tipo de produto, as características diferentes de cada atividade, as particularidades de cada região do País, sua vocação agrícola e as especificidades inerentes ao abastecimento interno, à segurança alimentar e à agropecuária de exportação.

No planejamento das atividades agropecuárias deve-se prever a articulação das atividades de produção e de transformação do setor agrícola e deste com os demais setores da economia.

Ou seja, no planejamento podem-se direcionar incentivos financeiros para a implantação de avicultura em regiões grandes produtoras de milho. Ali pode-se facilitar a aquisição de créditos financeiros para a instalação de fábricas de ração.

Um item fundamental para o planejamento agropecuário é a manutenção e atualização de uma base de indicadores do desempenho do setor agrícola em cada área de atuação, seja agrícola, seja pecuária, e também os efeitos e impactos dos programas dos planos plurianuais e a eficácia das ações governamentais no setor agropecuário, para que o Conselho Nacional de Política Agrícola possa sugerir as mudanças necessárias nessa política visando ao desenvolvimento sustentável do campo e do País.

3.1.2.2 Pesquisa agrícola tecnológica

A pesquisa agrícola é um dos instrumentos mais importantes da Política Agrícola, por isso essa lei determina a instituição do Sistema Nacional de Pesquisa Agropecuária (SNPA) e convoca todas as entidades ligadas ao setor agropecuário para participar, via convênio, desse sistema de levantamento de dados. São eles: Ministério da Agricultura e Reforma Agrária (Mara), autorizado a instituir o Sistema Nacional de Pesquisa Agropecuária (SNPA), sob a coordenação da Empresa Brasileira de Pesquisa Agropecuária (Embrapa) e em convênio com os estados, o Distrito Federal, os territórios, os municípios, entidades públicas e privadas, universidades, cooperativas, sindicatos, fundações e associações.

A Política Agrícola exige que a pesquisa agropecuária seja integrada às atividades de assistência técnica e extensão rural, aos produtores, comunidades e agroindústrias, pois em contatos sistemáticos com esses agentes e instituições os esforços dispensados para a pesquisa alcançam melhores resultados junto aos produtores multiplicadores das tecnologias desenvolvidas.

Outra importante determinação da Lei de Política Agrícola para o norteamento da pesquisa agropecuária é a geração ou adaptação do conhecimento biológico originário da "integração dos diversos ecossistemas, observando as condições econômicas e culturais dos segmentos sociais do setor produtivo" (inciso I do artigo 12).

Gera-se uma tecnologia a partir de material coletado num determinado ecossistema, e essa tecnologia vai ser utilizada na mesma região, isso significa que a aceitação ou adaptação daquela tecnologia é muito mais fácil do que se ela fosse aplicada em um ecossistema com características muito diferentes. Assim, por exemplo, a pesquisa com o melhoramento de sementes de soja só tem o aproveitamento máximo junto a produtores de soja.

Além de determinar que a pesquisa visando ao aumento da produtividade seja desenvolvida a partir de materiais genéticos oriundos dos ecossistemas naturais, a Lei de Política Agrícola exige que seja preservada ao máximo a heterogeneidade genética. Isto é, que seja preservada a diversidade biológica dos ecossistemas. Essa preservação da heterogeneidade genética é fundamental porque é a garantia de manutenção da fonte permanente de pesquisa.

Para reforçar, a Lei de Política Agrícola traz benefícios tanto para os grandes produtores como para os pequenos produtores. Por exemplo: no inciso III do seu artigo 12, essa lei determina que sejam priorizadas a geração e a adaptação de tecnologias agrícolas para o desenvolvimento dos pequenos agricultores, especialmente nas áreas de produção de alimentos básicos, equipamentos e implementos agrícolas. Já no artigo 13 essa Lei autoriza "a importação de material genético para a agricultura, desde que não haja proibição legal". Ou seja, há a possibilidade de importação, inclusive, de sementes transgênicas, utilizadas especialmente por alguns dos grandes produtores rurais.

> **Fique de olho!**
>
> Sementes transgênicas: ao modificar sementes naturais em laboratório, através da introdução de material genético de outro ser vivo, os cientistas criam uma nova semente, pois aí ocorreu cruzamento artificial de material genético. Um exemplo de plantas transgênicas existentes atualmente no mercado são aquelas oriundas de sementes modificadas para serem resistentes a herbicidas.
>
> Herbicidas: são produtos químicos desenvolvidos para combater ervas daninhas nas plantações.

E para fortalecer a competitividade dos produtos da agricultura brasileira principalmente nos mercados externos, o artigo 14 da Lei de Política Agrícola determina nível de prioridade que lhe garantam "a independência e os parâmetros de competitividade internacional".

Ainda como parâmetros para a pesquisa agropecuária, a Lei de Política Agrícola determina o respeito à preservação ambiental e às características regionais com a geração de tecnologias voltadas para a sanidade animal e vegetal.

3.1.2.3 Assistência técnica e extensão rural

Quanto à assistência técnica e extensão rural, a Lei de Política Agrícola apresenta como missão buscar viabilizar, com o homem do campo, sua família e organizações, soluções adequadas a seus problemas relativos a todas as atividades que ocorrem no seu estabelecimento agropecuário, entre elas o gerenciamento, o beneficiamento, a industrialização, a infraestrutura e, inclusive, atividades de seu bem-estar e que visem à preservação do meio ambiente dentro do estabelecimento agropecuário (ele deve ser obrigatoriamente preservado!).

Quanto à modalidade de assistência técnica, o artigo 17 da Lei de Política Agrícola obriga o poder público (governos federal, estaduais, municipais e distrital) a manter serviço oficial de assistência técnica e extensão rural com a missão de ensinar gratuitamente os pequenos produtores e suas formas associativas, desde que estes não estejam sendo atendidos por semelhante modalidade de assistência técnica e extensão rural.

Observa-se nesse inciso que aos demais produtores (médios e grandes) não são dispensadas assistência técnica e extensão rural gratuitas. E também que estas são dispensadas não só aos pequenos produtores, mas também às suas formas associativistas, como cooperativas e associações de produtores. Pode-se entender que, mesmo para esses pequenos produtores e suas formas associativas, podem ser negadas a assistência técnica e extensão rural se eles já estiverem sendo atendidos por outra modalidade paralela de assistência técnica e extensão rural. Essa previsão de assistência técnica e extensão rural diretamente para as formas associativas é importante porque há casos em que vários produtores desenvolvem atividades rurais semelhantes ou em estabelecimentos rurais localizados próximos uns dos outros, sendo mais racional se realizar as demonstrações tecnológicas ou difusão de tecnologia de maneira coletiva, desde que o processo ensino-aprendizagem não seja prejudicado.

> **Fique de olho!**

O processo ensino-aprendizagem no campo deve conter na sua metodologia elementos como:

» Postura compreensiva e aberta do técnico instrutor

Dado que no seu dia a dia o produtor rural se depara com diversas situações em que tem que resolver problemas de forma imediata, ele certamente pode ter algo a ensinar. Por exemplo, ao encontrar uma vaca parindo no mato, o produtor é obrigado a ajudar o animal no seu trabalho de parto. Aí tem que tomar certas medidas, como fazer massagens na vaca, acender fogo para esterilizar a ferramenta para cortar o cordão umbilical do nascituro e outras medidas que nem sempre o produtor está preparado para executar. E o momento da aula do técnico extensionista é uma das melhores oportunidades de esse produtor descrever o ocorrido para relatar como resolver a situação e receber mais orientações para aplicar em eventuais necessidades.

» Demonstrações de técnicas utilizando matérias comuns no dia a dia do produtor rural

Por exemplo, se o produtor trabalha com cultivo de acerola, a técnica de propagação vegetativa deve ser demonstrada com estacas da árvore de acerola e não com galhos de laranjeiras.

» Respeito aos prazos acordados

A demonstração ou curso devem ocorrer exatamente na data e hora pré-agendadas. Essa postura de respeito aos prazos no meio rural também deve ser sistematicamente ensinada. Uma comunidade de produtores em estágio avançado de organização tem o respeito aos prazos como uma questão primordial. Por exemplo, a comunidade Esperança sempre desejou melhorar de vida. Mas para isso acontecer seus produtores só dispunham em suas propriedades de uma produção de açaí. Certo dia, uma grande empresa demonstrou interesse em comprar a produção de açaí da comunidade Esperança. Para isso, seus produtores deveriam se organizar através de uma cooperativa. Mas isso demoraria algum tempo. Para ganhar tempo, os produtores aproveitaram uma associação que existia na comunidade. Então se reuniram para organizar o escoamento da produção, de onde saiu a seguinte decisão: o barco da associação sairia recolhendo a produção de açaí diariamente a partir das 10h00 até as 16h00, começando pelo porto do produtor João Quirino (10h00), em seguida parando no porto do produtor Pedro Estaquis (10h40), em seguida no porto do produtor Alvino Silva (11h20), seguindo para o porto do produtor Abílio Cutrim e assim sucessivamente, até chegar às 16h00 no porto do produtor Alberto Azevedo, onde colheria a última saca de açaí para levar para a fábrica de beneficiamento. Por esse exemplo pode-se avaliar o que aconteceria se um produtor atrasasse a sua entrega: Isso poderia acarretar atraso para todos os demais produtores e também os trabalhos na fábrica de beneficiamento de açaí.

O objetivo dessa assistência é difundir as tecnologias necessárias ao desenvolvimento do estabelecimento rural como um todo, incluindo a conservação dos recursos naturais e o desenvolvimento da comunidade.

A assistência técnica e extensão rural devem incentivar a população rural a participar de uma organização associativa e procurar fortalecer as ações dessa organização, especialmente aquelas que beneficiam o desenvolvimento da unidade familiar.

Também são itens prestigiados pela Lei de Política Agrícola as ações de assistência técnica que busquem tecnologias alternativas junto às instituições de pesquisa para difundi-las e aprimorá-las entre os produtores rurais. No mundo globalizado, as ações de assistência técnica devem divulgar entre os produtores informações gerais sobre a situação e a importância do setor agropecuário para o desenvolvimento do País e atualizar as informações sobre a produção agrícola, especialmente nos setores de comercialização, armazenamento, escoamento, abastecimento e beneficiamento.

> **Fique de olho!**

A expressão "assistência técnica e extensão rural" indica uma modalidade de educação agropecuária que deve ser ministrada aos produtores rurais com demonstrações expositivas diretamente em campo. Daí a expressão "extensão rural".

3.1.2.4 Proteção do meio ambiente, conservação e preservação dos recursos naturais

Do artigo 19 até o 26, a Lei de Política Agrícola estabelece parâmetros na área ambiental que devem ser observados nos estabelecimentos agropecuários.

Esses parâmetros estão baseados na compatibilização da atividade agrícola com a preservação ambiental. É o que se constata quando determina que o Poder Público deverá integrar todos os entes federados (governos federal, estaduais, municipais e o Distrito Federal) e as comunidades na preservação do meio ambiente e conservação dos recursos naturais.

Prevê também o disciplinamento e a fiscalização do uso racional dos recursos naturais como o solo, a água, a fauna e a flora. Para isso, determina a realização de zoneamentos agroecológicos em que são estabelecidos critérios para o referido disciplinamento do uso e ocupação territorial, tanto do estabelecimento agropecuário como das diversas atividades estruturais necessárias para o desenvolvimento sustentável da atividade agrícola, como por exemplo a abertura de estradas, a produção e transmissão de energia elétrica.

Também prevê a promoção de estímulo à recuperação das áreas em processo de desertificação e outras ações ambientalmente sustentáveis, como o desenvolvimento de programas de educação ambiental junto à população e o fomento à produção de sementes e mudas de essências nativas.

> **Fique de olho!**
>
> Uma legislação mais recente, como o Código Florestal, já permite que parte das mudas produzidas para reposição florestal em áreas degradadas ou em processo de desertificação seja de espécies frutíferas, não proibindo a multiplicação de mudas de espécies exóticas.
>
> Espécies exóticas são espécies animais ou vegetais que se instalam em locais onde não são naturalmente encontradas.

A preservação de nascentes e do meio ambiente bem como a prática da compostagem a partir de esterco de animais também foram contempladas como ação ambiental dentro do estabelecimento agropecuário.

> **Fique de olho!**
>
> Compostagem é o processo biológico pelo qual a decomposição do material orgânico (esterco, restos de vegetais, de animais etc.) é acelerada, gerando o composto orgânico.
>
> O processo da compostagem é biológico porque consiste na decomposição do material orgânico através da ação de decompositores existentes no solo e que são incorporados ao composto orgânico.

O parágrafo único do artigo 19 alerta que a fiscalização e o uso racional dos recursos naturais do meio ambiente são também de responsabilidade de todas as modalidades de produtores rurais e não só do poder público.

Ambientalmente, a determinação desse parágrafo se justifica porque a legislação ambiental, especialmente a Lei n.º 6.938/1981, que dispõe sobre a Política Nacional do Meio Ambiente, determina, em seu artigo 14, que o indivíduo ou empresa poluidor(es) do meio ambiente é obrigado, independentemente da existência de culpa, a indenizar ou reparar os danos causados ao meio ambiente e a terceiros afetados por sua atividade.

Foi dado destaque à importância das bacias hidrográficas como unidades básicas de manejo sustentável dos recursos naturais, obrigando as empresas que exploram economicamente águas da bacia a realizar a recuperação do meio ambiente que eventualmente foi por elas degradado.

Foi também prevista a identificação pelo poder público, em todo o território nacional, das áreas degradadas e em processo de degradação para, a partir daí, disciplinar o uso sustentável dessas áreas. É previsto até o estabelecimento de cadastros dessas áreas em âmbito estadual ou municipal.

Essa previsão de identificação das áreas em processo de desertificação é fundamental num momento em que as áreas ocupadas com atividades agropecuárias aumentam muito em todo o País, a ponto de também aumentar a pressão do desmatamento, inclusive na região amazônica.

> "O desmatamento prossegue como sinonímia de progresso. Mesmo a abertura democrática, as novas leis ambientais, a maior capacidade de fiscalização, o monitoramento de satélite, a atuação da sociedade civil organizada, o Ministério Público e o surgimento de novos meios de comunicação não foram suficientes para coibir o desmatamento e a invasão de terras públicas, inclusive territórios indígenas, quilombolas e unidades de conservação.
>
> Segundo o Instituto Brasileiro de Geografia e Estatística (IBGE), em menos de cinco décadas, de 1960 a 2010, a área desmatada alcançou 754 mil km^2 (75,4 milhões de hectares), cerca de 18% do bioma amazônico (IBGE, 2011a), número que apresenta pequena diferença sobre o do Projeto de Monitoramento da Floresta Amazônica Brasileira por Satélite (Prodes) (INPE, 2011)" (MEIRELLES FILHO, 2014, p. 222).

A realidade sombria expressa nessa citação traz um alerta para os produtores agropecuários, os quais, ao executarem suas atividades observando corretamente os pressupostos da Lei de Política Agrícola, além de não praticarem desmatamento ilegal, estarão contribuindo efetivamente para diminuir o desmatamento em todo o território nacional.

Também são previstas nessa Lei de Política Agrícola a promoção de pesquisa, geração e difusão de tecnologias para suprir as condições de desenvolvimento da agropecuária, juntamente com a conservação do meio ambiente.

Foi priorizada pelo poder público a implementação de programas de incentivo a atividades apícolas e de piscicultura, carcinicultura e outras visando ao aumento da oferta de alimentos e à preservação da biodiversidade em geral.

Finalmente, foi prevista a inclusão das atividades de proteção do meio ambiente e dos recursos naturais nos programas plurianuais e planos operativos anuais sob a coordenação da União e das Unidades da Federação.

Fique de olho!

Apícola: relativo a abelhas.

Piscicultura: criação de peixes em tanques.

Carcinicultura: Criação de crustáceos em tanques.

3.1.2.5 Defesa da agropecuária

Os artigos 27-A, 28-A E 29-A da Lei de Política Agrícola tratam da defesa agropecuária.

Conforme o artigo 27-A, os objetivos da defesa agropecuária devem garantir a sanidade das populações vegetais, a saúde dos rebanhos animais, a idoneidade dos insumos e dos serviços utilizados na agropecuária, e a identidade e a segurança higiênico-sanitária e tecnológica dos produtos agropecuários finais destinados aos consumidores da agropecuária.

A sanidade das populações vegetais

Essa sanidade é garantida a partir de várias medidas tomadas pelos órgãos de defesa fitossanitária juntamente com os produtores rurais. São exemplos de medidas fitossanitárias: controle de pragas, através do acompanhamento da evolução das populações de pragas que causam grandes danos às culturas agrícolas (quando os órgãos de defesa detectam que a população da praga que está sendo monitorada atinge o nível máximo permitido, tomam medidas de combate da referida praga), instalação de barreiras sanitárias nas fronteiras para impedir a entrada de pragas no País, instalação de barreiras internas para impedir o fluxo de material vegetal de uma região endêmica para uma região livre de determinada praga, ou onde aquela praga se encontra sob controle.

Lembre-se
Endemia é o termo que indica que uma doença ocorre de forma persistente em uma determinada região.

A saúde dos rebanhos animais

Semelhantemente aos procedimentos de defesa vegetal, a saúde dos rebanhos é um dos objetivos principais da defesa agropecuária. Basta atentar para as campanhas anuais sistemáticas de vacinação dos rebanhos. O cumprimento do calendário de vacinação é uma das metas anuais do sistema de defesa pecuária.

A idoneidade dos insumos e dos serviços utilizados na agropecuária

A idoneidade dos insumos e serviços que atendem o setor da agropecuária deve permear todas as fases de desenvolvimento das culturas e dos rebanhos, além das atividades de apoio.

Exemplo

No setor agrícola, os defensivos agrícolas devem ser adquiridos de fornecedores que garantam produtos de eficiência comprovada, inclusive em termos de responsabilidade ambiental, a preços competitivos e que sejam entregues nas datas acordadas.

No setor da pecuária, se um antibiótico é produzido por dois fabricantes diferentes com características semelhantes, em termos de preço, toxicidade e responsabilidade ambiental, o que apresentar melhor resultado após a aplicação é o que vai voltar a ser adquirido pelo produtor.

A identidade e a segurança higiênico-sanitária e tecnológica dos produtos agropecuários finais destinados aos consumidores da agropecuária

Todos os cuidados com a sanidade das culturas e com a saúde dos animais visam à obtenção de produtos alimentares seguros, pois eles vão ser comercializados para a população. Imagine-se o prejuízo causado por um produto contaminado comercializado no mercado. Podem ocorrer problemas de saúde em várias pessoas e consequentemente prejuízos financeiros para a empresa fabricante do produto, prejuízos na imagem da empresa perante a opinião pública, prejuízos financeiros com pagamento de multas, prejuízos para as empresas que comercializam esses produtos etc. Cada produto deve estar devidamente identificado, com o número do lote de fabricação, endereço da fábrica e nome do fabricante.

Todo produto que causa prejuízo ao consumidor causa dano ambiental.

Seguem as atividades que são desenvolvidas permanentemente pelo poder público para a efetivação da defesa agropecuária:

I – vigilância e defesa sanitária vegetal e II – vigilância e defesa sanitária animal.

São a instalação das barreiras sanitárias e os monitoramentos para acompanhar a evolução das pragas e doenças que atacam as plantas e os animais.

III – inspeção e classificação de produtos de origem vegetal, seus derivados, subprodutos e resíduos de valor econômico e IV – inspeção e classificação de produtos de origem animal, seus derivados, subprodutos e resíduos de valor econômico.

Esse acompanhamento dos produtos, subprodutos, derivados e resíduos de valor econômico serve para observar se eles foram produzidos ou manipulados de acordo com as especificações técnicas recomendadas.

V – fiscalização dos insumos e dos serviços usados nas atividades agropecuárias.

A fiscalização serve para que se tenha certeza de que os insumos e serviços usados nas atividades agropecuárias estão atendendo às especificações técnicas recomendadas, por exemplo, se os produtos estão sendo comercializados dentro do prazo de validade.

Lembre-se

As atividades de vigilância e defesa sanitária vegetal, vigilância e defesa sanitária animal, inspeção e classificação de produtos de origem vegetal, seus derivados, subprodutos e resíduos de valor econômico, inspeção e classificação de produtos de origem animal, seus derivados, subprodutos e resíduos de valor econômico e fiscalização dos insumos e dos serviços usados nas atividades agropecuárias, citadas anteriormente, atendem às exigências das legislações que tratam da defesa agropecuária, inclusive as normas internacionais assinadas pelo País.

Sistema Unificado de Atenção à Sanidade Agropecuária

O artigo 28-A da Lei de Política Agrícola disciplina a função e a criação do Sistema Unificado de Atenção à Sanidade Agropecuária (Suasa).

O objetivo do Suasa é a promoção da saúde animal e vegetal através das ações de vigilância e defesa sanitária dos animais e dos vegetais.

O Suasa será organizado sob a coordenação do poder público nas várias instâncias federativas, e, quando necessário, se articulará com o Sistema Único de Saúde (Lei n.º 8.080, de 19 de setembro de 1990).

Participarão do Suasa: instituições oficiais, os produtores e trabalhadores rurais, suas associações e técnicos que lhes prestam assistência, os órgãos de fiscalização das categorias profissionais diretamente vinculadas à sanidade agropecuária e as entidades gestoras de fundos organizados pelo setor privado para complementar as ações públicas no campo da defesa agropecuária.

Em outras palavras, dada a sua importância para a alimentação, manutenção e a saúde da população, todos os setores e entidades ligados a alguma atividade do setor agropecuário participam do Sistema Unificado de Atenção à Sanidade Agropecuária.

Unidade básica de atuação

A área do município é a unidade básica de funcionamento dos serviços oficiais de sanidade agropecuária. Assim, a defesa agropecuária começa a agir de forma unificada, visando à sanidade agropecuária na jurisdição municipal onde deve ter a participação da sociedade organizada.

Na unidade básica de atuação são feitos os cadastro das propriedades, o inventário das populações animais e vegetais, o controle de trânsito de animais e plantas, o cadastro dos profissionais que atuam na área de defesa agropecuária, o cadastro dos pontos comerciais e empresas que comercializam produtos agropecuários, o cadastro dos laboratórios de diagnósticos de doenças, o inventário das doenças diagnosticadas, a execução de campanhas de controle de doenças, educação e vigilância sanitária e participação em projetos de erradicação de doenças e pragas.

Todas essas informações servem para subsidiar o Sistema Unificado de Atenção à Sanidade Agropecuária para as tomadas de decisões quanto às estratégias de defesa agropecuária, para produzir indicadores importantes, como ocorrência de pragas e doenças, eficiência de combate a pragas e doenças, ocorrência de áreas livre de determinadas pragas e doenças, níveis de eficiência no combate às pragas e doenças e outros.

Instâncias intermediárias

De posse das informações produzidas na unidade básica de atuação, lá no território municipal, as instâncias intermediárias do Sistema Unificado de Atenção à Sanidade Agropecuária desenvolvem estratégias de ação para executar as seguintes atividades:

- » vigilância do trânsito interestadual de plantas e animais;
- » coordenação das campanhas de controle e erradicação de pragas e doenças;
- » manutenção dos informes nosográficos;
- » coordenação das ações de epidemiologia;
- » coordenação das ações de educação sanitária;
- » controle de rede de diagnóstico e dos profissionais de sanidade credenciados.

> **Fique de olho!**
>
> Nosografia: compreende a descrição das doenças presentes em determinada região.
>
> Epidemiologia: é um poderoso instrumento de saúde pública que se preocupa com o desenvolvimento de estratégias para as ações de proteção e promoção da saúde da comunidade. Para isso, auxilia no desenvolvimento de políticas públicas de saúde.

Instância central

A instância central e superior do Sistema Unificado de Atenção à Sanidade Agropecuária é responsável pela vigilância de portos, aeroportos e postos de fronteira internacionais, pela fixação de normas referentes a campanhas de controle e erradicação de pragas e doenças, aprovação dos métodos de diagnóstico e dos produtos de uso veterinário e agronômico, manutenção do sistema de informações epidemiológicas, avaliação das ações desenvolvidas nas instâncias locais e intermediárias do sistema unificado de atenção à sanidade agropecuária, representação do País nos fóruns internacionais que tratam da defesa agropecuária, realização de estudos de epidemiologia e de apoio ao desenvolvimento do Sistema Unificado de Atenção à Sanidade Agropecuária, cooperação técnica às outras instâncias do Sistema Unificado, aprimoramento do Sistema Unificado, coordenação do Sistema Unificado e manutenção do Código de Defesa Agropecuária.

Importância da sanidade agropecuária

A defesa agropecuária busca diuturnamente que áreas de produção agrícola e pecuária sejam sempre livres de pragas e doenças.

Esse objetivo é tão importante que as suas ações são ao mesmo tempo ecossistêmicas e descentralizadas, pois a comercialização dos produtos agropecuários, especialmente com outros países, depende de um conjunto de exigências feitas por esses países importadores e aceitas pelo Brasil, quando assinados os tratados e acordos comerciais.

O comprovante de que a área de onde vem o produto para exportação está livre de doenças é uma dessas exigências.

A erradicação das doenças e pragas, sempre que recomendado pelos estudos epidemiológicos, é prioritária, visando sempre se obter áreas livres de doenças e pragas.

Vale aqui destacar que o artigo terceiro do Código Florestal, declara as atividades de proteção sanitária como item de utilidade pública. Por causa dessa condição, caso necessário, pode-se até sacrificar vegetação de área de preservação permanente em nome da erradicação de pragas ou doenças que ameacem a proteção sanitária.

O artigo 29-A da Lei de Política Agrícola trata das inspeções industrial e sanitária de produtos de origem vegetal e animal e dos insumos agropecuários, em que se preveem, para essas inspeções, procedimentos padronizados segundo métodos universalizados, que serão igualmente aplicados a todos os estabelecimentos inspecionados.

Será feita análise de riscos em várias inspeções.

Tanto os produtos de origem animal com o os produtos de origem vegetal e também os insumos utilizados na agricultura farão parte de sistemas de inspeção preestabelecidos.

3.1.2.6 Informação agrícola

O sistema de informação agrícola coordenado pelo Ministério da Agricultura, Pecuária e do Abastecimento integrado com os estados, o Distrito Federal e os municípios será mantido para ampla divulgação de:

» previsão da safra nacional, discriminada por Unidade da Federação, por área cultivada, produção e produtividade. Essa previsão ajuda os produtores e o próprio Governo no planejamento antecipado da logística de escoamento, transporte e armazenamento da produção, pois com essa informação pode-se prever em que Unidades da Federação vai ser necessária a construção de armazéns, ou onde sobrarão secadores, que ficarão disponíveis para atender, na medida do possível, outros estados que porventura tenham tido excedentes de produção no mesmo período.

» preços praticados no mercado agropecuário, em toda a cadeia de produção, tanto os preços internos como os preços de exportação e importação, inclusive as taxas e impostos cobrados. A importância de se conhecer os preços praticados num dado momento possibilitará ao produtor tomar a decisão de vender ou não sua produção, buscando sempre o melhor preço. Esse melhor preço depende de vários fatores. Por exemplo, se o produtor está com uma nova safra para ser colhida em breve, isso o impulsionará a comercializar seus estoques para desocupar os armazéns a fim de receber a nova safra.

» cadastro, cartografia e solo das propriedades rurais. Os dados técnicos de cadastro, cartografia e solos das propriedades servem para subsidiar os órgãos de controle e os produtores para, por exemplo, direcionar o tipo de produto a ser ali produzido, identificar as áreas de preservação permanente e quantificar a dimensão da área ocupada com cada cultura agrícola ou espécie animal.

» volume dos estoques públicos e privados, reguladores e estratégicos, discriminados por produtos, tipos e localização. O conhecimento dos estoques possibilita a previsão da necessidade de aumento ou diminuição da produção dos produtos. Esse conhecimento é essencial para a política de segurança alimentar e subsidia o Governo para a tomada de decisão quanto à porcentagem da produção que poderá ser exportada.

» dados de meteorologia e climatologia agrícolas. É sabido que as atividades agropecuárias se constituem atividades de alto risco porque dependem diretamente das condições ambientais. Os dados meteorológicos auxiliam Governo e produtores na prevenção de tais riscos.

» pesquisas em andamento e os resultados daquelas já concluídas. Os dados de pesquisa mostram a situação de determinada cultura agrícola ou espécie animal em que se encontram os setores pesquisados. Por exemplo: os dados de uma pesquisa podem indicar que foi observada a ocorrência de uma praga em vários locais sucessivos em direção a um estado grande produtor de um grão que é nicho dessa espécie. De posse dessa informação, os órgãos de controle podem tomar medidas para impedir o avanço de tal praga em direção àquele estado grande produtor.

- » informações sobre doenças e pragas. Os dados sobre doenças e pragas servem por exemplo para se saber quais doenças de significado econômico já foram controladas e as que estão ausentes no território nacional, para então serem tomadas as corretas medidas de controle, uma vez que tais medidas representam vultosas somas de recursos financeiros e, portanto, não devem ser aplicadas empiricamente.

- » indústria de produtos de origem vegetal e animal e de insumos. As informações sobre as indústrias de beneficiamento de produtos agropecuários servem, por exemplo, para se resolver eventuais problemas na qualidade dos produtos, pois cada produto traz informações sobre sua origem, onde foi processado, local, data e lote. E essas informações são fundamentais, nesses casos.

- » classificação de produtos agropecuários. A divulgação da classificação dos produtos é de fundamental importância para a obtenção de melhores preços, com o aumento da variedade de produtos.

- » inspeção de produtos e insumos. A divulgação das inspeções feitas serve, por exemplo, para dar um destaque às empresas inspecionadas e aprovadas na inspeção periódica, para indicar o que corrigir nas empresas inspecionadas em que foram achadas falhas de procedimentos ou estruturais e para incentivar as empresas ainda não fiscalizadas a sempre estar em alerta quanto à possibilidade de serem inspecionadas.

- » infratores das várias legislações relativas à agropecuária. A divulgação da relação de infratores que praticaram atos contra as normas de defesa agropecuária serve, por exemplo, para que a sociedade prestigie as empresas que cumprem corretamente essas normas.

Fique de olho!

Nicho: o nicho é um local (ecossistema) caracterizado por um conjunto de condições ambientais e topográficas no qual pode ser encontrada uma espécie.

3.1.2.7 Zoneamento agrícola de risco climático

Mapear e mitigar os riscos existentes na atividade agrícola são um dos objetivos permanentes da Política Agrícola.

Esses riscos consistem principalmente em:

- » perdas na agricultura devido a enchentes, pragas, secas etc.
- » endividamento dos produtores

O zoneamento agrícola indica para os produtores as melhores regiões e épocas para a implantação das atividades agropecuárias, de maneira que estas ficam menos expostas aos riscos climáticos.

Gestão dos riscos

De acordo com a Política Agrícola, a gestão dos riscos que castigam a agropecuária deve ser feita pelos produtores em conjunto com o poder público, que fornecerá pesquisa, assistência técnica e crédito rural etc.

O zoneamento agrícola dos riscos climáticos oferece indicadores que permitem aos gestores do risco agir efetivamente para mitigar os riscos. Tais indicadores são: as datas de plantio de cada cultura, seu ciclo de vida, os tipos de sementes, a região edafoclimática etc.

Todo esse conjunto de ações envolvendo muitas variáveis culminará com a redução significativa das perdas no campo.

O zoneamento agrícola oferece indicativas importantes para o combate dos riscos climáticos, e a gestão desses riscos executa medidas para combater os riscos, mas essa gestão não os elimina totalmente.

É importante alertar que quanto mais aumentam os danos ambientais mais aumentam os riscos na agricultura, ficando assim mais difícil mapear os riscos ambientais pelo zoneamento agrícola, e tornando mais cara a gestão dos riscos da agricultura.

O zoneamento agrícola é feito na grande maioria dos municípios e estados da Federação com muitas culturas agrícolas, tais como: amendoim, canola, cevada, feijão, arroz, girassol, aveia, melancia, mandioca, milho, mamona, soja, trigo, açaí, café, banana, cana-de-açúcar, cacau, coco, dendê, citros, maçã, pimenta-do-reino, uva, pêssego.

3.1.2.8 Produção, comercialização, abastecimento e armazenamento

A atenção dispensada na Lei de Política Agrícola à comercialização, ao abastecimento e à armazenagem da produção agropecuária se deve à necessidade de manutenção de estoques reguladores e estratégicos que assegurem o abastecimento interno, de maneira que haja sempre equilíbrio na oferta e nos preços dos alimentos. Para isso, o poder público identifica onde se encontram esses estoques, principalmente de produtos básicos, para mantê-los.

É importante destacar que os estoques reguladores são adquiridos preferencialmente de entidades associativas de pequenos e médios produtores e são vendidos no mercado em datas preestabelecidas, de modo que pouco interfiram nos preços praticados no mercado, mas que também seja obedecida a margem mínima de preço, abaixo da qual não se ultrapassa. Essa venda dos estoques públicos é realizada em hasta pública ou através de licitação pública.

Inclusive a política de preços mínimos é um dos pilares da Política Agrícola como um todo, pois quando o poder público fixa um preço mínimo para os produtos, principalmente os alimentos considerados básicos, atrai os produtores para contribuírem com a manutenção dos estoques reguladores. Para garantir os preços mínimos, o poder público procede ao financiamento da comercialização de parte da produção e da aquisição de parte dos produtos agrícolas amparados.

Quanto ao armazenamento da produção, o poder público dispõe de incentivos para melhora contínua do conjunto de instalações para armazenagem, processamento e embalagem da produção visando à redução das perdas, que, como já foi citado, são muito grandes no Brasil.

Também faz parte da Política Agrícola a exigência de padronização, fiscalização e classificação dos produtos agropecuários destinados ao consumo e à industrialização, em todo o território nacional.

Os armazéns para acomodar toda a produção agrícola nacional são obrigados a pertencer a um cadastro nacional de produtos agrícolas. Trata-se de uma necessidade óbvia, uma vez que, para se negociar a produção, é preciso saber onde ela se encontra.

3.1.2.9 Associativismo e cooperativismo

O apoio dado pelo poder público aos produtores, inclusive os grupos indígenas, pescadores artesanais e extrativistas por meio de diferentes formas de associações, cooperativas, sindicatos, condomínios e outras, se manifesta através de:

a) inclusão, nos currículos de 1.º e 2.º graus, de matérias voltadas para o associativismo e o cooperativismo. Essa medida é importante, uma vez que o tema cooperativismo será conhecido pela classe de jovens estudantes que posteriormente podem levar esse conhecimento adquirido para utilização nas suas comunidades.

b) promoção de atividades relativas à motivação, organização, legislação e educação associativista e cooperativista para o público do meio rural. Um dos grandes objetivos que essa medida legal alcança é a oportunidade dada ao produtor rural, principalmente aos pequenos, de aumentar os seus conhecimentos, os quais tornarão esses produtores cada vez mais preparados diante das mudanças constantes ocorrentes num mundo globalizado, em que se exigem cada vez mais produtos de qualidade, devendo-se para isso estar sempre procurando atualizações.

c) promoção das diversas formas de associativismo como alternativa e opção para ampliar a oferta de emprego e de integração do trabalhador rural com o trabalhador urbano. Nesse tópico há que se salientar duas afirmações:

» As diferentes formas de associativismo são importantes porque assim o produtor tem várias oportunidades para se organizar. Para organizar pequenos produtores, as formas associativas com o número de membro variando entre 10 e 25 são uma boa alternativa, uma vez que um número de associados que esteja dentro desse intervalo possibilita ao produtor se sentir mais à vontade para expor os problemas por ele enfrentados no seu estabelecimento rural. Evidentemente há grupos associativos de variados tamanhos, e o sucesso deles está condicionado principalmente à correta administração.

» A integração do trabalhador rural com o trabalhador urbano consiste na aproximação daquele com a legislação trabalhista e com os processos de administração racional dos recursos do seu estabelecimento rural.

d) integração entre os segmentos cooperativistas de produção, consumo, comercialização, crédito e trabalho. A integração das atividades das várias modalidades de cooperativas fortalece o sistema associativo no meio rural, pois aí há grande necessidade de otimização dos processos produtivos, inclusive no campo ambiental, em que os recursos ambientais são utilizados por todos os produtores localizados em determinada bacia hidrográfica. Mas também os armazéns, por exemplo, podem ser utilizados coletivamente.

e) a implantação de agroindústrias. Três grandes vantagens das agroindústrias são:

» aproveitamento da produção dentro dos estabelecimentos rurais;

» diminuição no desperdício de alimentos;

» agregação de valor à produção.

3.1.2.10 Investimentos públicos e privados

A Política Agrícola inclui na sua formatação a obrigação do poder público de providenciar infraestrutura para o desenvolvimento de atividades voltadas para o bem-estar social de comunidades rurais. Seguem exemplos dessa infraestrutura:

a) construção de obras de arte para armazenamento de água. Exemplo: barragens, açudes, poços, diques para irrigação e drenagens de áreas alagadiças.

b) armazéns comunitários: nem sempre é possível o produtor construir seu próprio armazém. Aí é necessário o uso comunitário de armazém construído pelo poder público. Por isso este deve prever a necessidade de construir armazéns comunitários.

c) mercados de produtor: Todo esforço para que os produtos sejam comercializados a preço justo deve ser realizado, e a construção e criação de mercados são um dos investimentos necessários para a correta materialização da Política Agrícola.

d) estradas: as estradas (aqui pode-se incluir as ferrovias e hidrovias) são importantes para todo o processo produtivo, pois é através delas que são trazidos os insumos como adubos, sementes, defensivos agrícolas e também é transportada a produção para armazenamento e comercialização.

e) escolas e postos de saúde rurais: pode-se dizer que onde as ações da Política Agrícola mais se manifestam é na comunidade. Assim, uma comunidade agrícola bem-estruturada, com escolas, postos de saúde e outros equipamentos comunitários, reflete uma correta ação da Política Agrícola.

f) energia: nos dias atuais não dá para imaginar qualidade de vida em uma comunidade sem a presença de energia elétrica, e muito menos o funcionamento de uma agroindústria sem ela.

g) comunicação: a comunicação neste mundo globalizado é fator de sobrevivência de qualquer empreendimento, e nas comunidades rurais devem ser implantados sistemas de comunicação para, além de atender às atividades domésticas da comunidade, ser suficientes para o funcionamento de agroindústrias.

h) saneamento básico: a efetivação de saneamento básico requer planejamento e grandes investimentos, mas para ser sustentável a Política Agrícola prevê essa ação para as comunidades rurais, mesmo porque, se não houver esforço para a efetiva qualidade de vida no campo, a tendência é que a mão de obra ali existente migre para os centros urbanos.

i) lazer: as atividades de lazer trazem o fechamento do ciclo do desenvolvimento sustentável que ocorre quando há crescimento econômico, proteção ambiental e desenvolvimento social.

Fique de olho!

Saneamento básico em determinada localidade compreende sua limpeza, o tratamento do lixo, o tratamento de esgoto e a destinação correta desses resíduos.

3.1.2.11 Crédito Rural

Um dos pilares da Política Agrícola é o crédito rural. O crédito rural financia a atividade rural através de suprimentos financeiros administrados a partir de todos os agentes financeiros, sem discriminação entre eles, atuantes no País.

E por que a atividade agropecuária tem que ser beneficiada com crédito rural? Pelo menos quatro razões justificam a disponibilidade de crédito rural para o setor agropecuário:

- » garantir a segurança alimentar para toda a população é obrigação do poder público;
- » as atividades agropecuárias são atividades expostas a muitos riscos ambientais, como ataques de pragas e de doenças, e alterações climáticas, como a ocorrência de enchentes, secas e geadas;
- » as atividades agropecuárias geram milhões de empregos por todo o País;
- » a produção agropecuária é fornecedora de grande quantidade de produtos de exportação e, assim, é responsável por sucessivos saldos positivos na balança comercial brasileira.

Fique de olho!

A balança comercial positiva ocorre quando o volume das importações de bens e serviços de um país é menor que o volume das suas exportações num determinado período.

Os objetivos do crédito rural são:

- » Estimular os investimentos rurais para produção, extrativismo não predatório, armazenamento, beneficiamento e instalação de agroindústria, esta quando realizada por produtor rural ou suas formas associativas. Pode-se afirmar que só existe Política Agrícola porque existe crédito rural. E é interessante que tanto os pequenos produtores da reforma agrária e os extrativistas quanto os grandes produtores rurais trabalham com financiamentos agrícolas.

- » Favorecer o custeio oportuno e adequado da produção, do extrativismo não predatório e da comercialização de produtos agropecuários. Aí o crédito rural tem papel fundamental, pois as atividades agropecuárias são muito dependentes das condições climáticas, como já citado, e dos insumos, como mudas, por exemplo, e atividades como preparo de área e adubação básica. Aí a disponibilização do crédito é decisiva para o custeio desses materiais e mão de obra.

- » Incentivar a introdução de métodos racionais no sistema de produção para aumento da produtividade, melhoria do padrão de vida das populações rurais e a adequada conservação do solo e preservação do meio ambiente. Quando o crédito rural é administrado de acordo com as normas emanadas da Política Agrícola, essas medidas ocorrem, inclusive apresentando tendência de diminuição na dependência do crédito rural.

- » Propiciar, através de modalidade de crédito fundiário, a aquisição e regularização de terras pelos pequenos produtores, posseiros e arrendatários e trabalhadores rurais. Diante da realidade brasileira, em que há milhares de imóveis rurais ainda por serem regularizados, a criação do crédito fundiário como instrumento da Política Agrícola para agilizar a regularização desses imóveis foi providencial para se enfrentar tão grave problema rural brasileiro.

» Desenvolver atividades florestais e pesqueiras. A riqueza do Brasil é tão grande em termos de espécies florestais e de espécies da *ictiofauna* que a disponibilização de crédito rural para alavancar as atividades nessas áreas se constitui em grande interesse social. Inclusive essas são algumas das áreas que têm a possibilidade de menos depender de crédito rural, desde que a porcentagem inicial de crédito rural disponibilizado para esses setores seja adequadamente aplicada.

Fique de olho!

Ictiofauna: compreende as espécies de peixes que existem em uma região formada por um conjunto de cursos d'água.

Os parágrafos 1.º e 2.º do artigo 48 da Lei de Política Agrícola tratam da destinação de crédito rural para o agricultor familiar rural. Observa-se que para esse agricultor familiar o crédito rural assume um papel mais abrangente, pois, além das atividades agropecuárias, contempla atividades alternativas não agropecuárias desde que desenvolvidas em estabelecimento rural ou áreas comunitárias próximas, inclusive o turismo rural, a produção de artesanato e assemelhados. Esse crédito rural também poderá ser destinado à construção ou reforma de moradias para esse agricultor familiar no imóvel rural e em pequenas comunidades rurais.

Esse apoio inicial para esse agricultor que precisa da mão de obra familiar para complementar a renda do seu estabelecimento rural é atendido pela Política Agrícola de maneira especial, pois o objetivo é que esse agricultor familiar seja incluído efetivamente no grupo de produtores rurais totalmente inseridos nas atividades dessa política, os quais já estão desenvolvendo, por exemplo, suas atividades agrícolas nos níveis de manejos B e C (ver item 3.1.1, Setor Agrícola).

Quando a Política Agrícola favorece o agricultor familiar com crédito rural para aplicação em atividades alternativas no estabelecimento rural, está também transmitindo uma mensagem de desenvolvimento sustentável em que se aproveita ao máximo os recursos da propriedade, mas sem impor pressão ao meio ambiente.

Exemplo: se um produtor rural familiar recebe autorização para fazer uso alternativo de uma área de 1 hectare com a cultura de milho, ele deve, antes de tudo, aproveitar toda a biomassa dessa área, como por exemplo a madeira e as folhagens, e, caso tenha condições, não as queime, deixando-as para servir de adubo orgânico. Evidentemente as práticas agrícolas sem a ausência da queima requerem mais trabalho principalmente para o agricultor familiar, porém nessa biomassa há, além das folhagens e da madeira, muitos outros materiais que servirão como produtos alternativos para aumento da renda familiar, como por exemplo sementes silvestres, cipós, raízes, plantas medicinais, essências etc., de modo que, quando o produtor familiar for cultivar a cultura do milho naquela área, já foi gerada renda dos produtos dali retirados.

Em seguida, quando for retirada a cultura do milho daquela área, o agricultor deve no mínimo incorporar calcário ali, para que aquela área se mantenha com a mesma fertilidade do início da sua utilização. Evidentemente o cultivo de uma cultura agrícola sustentável deve ser acompanhado por orientação técnica. Por isso a Política Agrícola inclui assistência técnica em um dos seus objetivos.

Se aquele agricultor familiar tivesse ateado fogo na biomassa da área liberada para o uso alternativo do cultivo de milho, teria perdido muita matéria orgânica, além de causar destruição e expulsão de incontável fauna silvestre.

Os beneficiários do crédito rural são produtores rurais, extrativistas, indígenas, pessoas físicas e jurídicas.

Seguem algumas das atividades contempladas pelo crédito rural:

» produção de mudas ou sementes básicas, fiscalizadas ou certificadas;
» produção de sêmen (de bovinos, equinos) para inseminação artificial e embriões;
» atividades de pesca artesanal e aquicultura para fins comerciais;
» atividades florestais e pesqueiras.

Fique de olho!

Aquicultura: é o cultivo de organismos aquáticos. Exemplos: criação de peixes, de crustáceos, de répteis etc.

Preceitos básicos necessários do crédito rural

O tomador do crédito rural deve ser idôneo, o que é conferido, por exemplo, por meio da sua documentação pessoal, documento de propriedade etc. Os preceitos básicos para a concessão do crédito são:

» Fiscalização pelo financiador: o órgão financeiro financiador realiza fiscalizações periódicas para conferir se o crédito recebido está sendo aplicado corretamente. Essas fiscalizações ocorrem muitas vezes no período entre as parcelas liberadas.

» Liberação do crédito diretamente aos agricultores ou por intermédio de suas associações formais ou informais, ou organizações cooperativas: a liberação do crédito diretamente aos agricultores ou por intermédio de suas organizações associativas é, a princípio, a melhor maneira de se operacionalizar o crédito rural. Apesar de terem ocorrido vários problemas de uso indevido de crédito rural, a quase totalidade dos recursos liberados é aplicada corretamente.

» Liberação do crédito em função do ciclo da produção e da capacidade de ampliação do financiamento: as instabilidades da atividade agropecuária, principalmente as alterações climáticas, se refletem nas atividades de crédito rural. Assim, para que os objetivos do crédito liberado sejam alcançados é necessário o perfeito entrosamento (comunicação) entre o produtor, a assistência técnica e o agente financeiro financiador.

Exemplo: um crédito aprovado para a instalação de projeto de criação de galinhas que contemple a liberação de créditos para custeio das atividades de produção de milho para fabricação de ração, e investimento para aquisição de pintos de um dia, de medicação para combater pragas e doenças, e de ração complementar de crescimento e engorda, além da construção do galpão para criação dos animais, deve ser liberado na seguinte ordem:

- » a parcela para custeio das atividades de formação do plantio de milho;
- » a parcela para a construção do galpão;
- » a parcela para aquisição de pintos de um dia, medicação para combate de pragas e doenças e ração complementar de crescimento e engorda.

Um projeto nessa formatação, que depende, para o seu prosseguimento, do sucesso da primeira fase – produção de milho –, no caso de perda dessa produção, devido a problemas climáticos, por exemplo, obriga o grupo formado pelo produtor, pelos representantes da assistência técnica e do agente financeiro financiador a tomar decisões quanto ao prosseguimento ou não do projeto. Se o ciclo da produção foi comprometido, é necessário avaliar se o produtor dispõe de uma alternativa para continuar com a execução do projeto.

Já no caso de o desenvolvimento do presente projeto ocorrer normalmente em todas as fases, o grupo formado pelo produtor, pelos representantes da assistência técnica e do agente financeiro financiador deve se reunir para avaliar a capacidade de ampliação do financiamento, o que geralmente ocorre.

Com relação aos prazos e épocas de reembolso, estes são ajustados à natureza e especificidade das operações rurais, bem como à capacidade de pagamento e às épocas normais de comercialização dos bens produzidos pelas atividades financeiras.

A rigor, os reembolsos dos créditos rurais contratados operacionalizados pelos produtores tomadores são a base para o sucesso dos empreendimentos agropecuários, pois crédito pago equivale a crédito garantido. As sucessivas contratações de créditos rurais corretamente aplicados conduzem à independência financeira do estabelecimento agropecuário.

O crédito rural também pode ser liberado de forma coletiva, em que um produtor ou grupo de produtores são avalistas uns dos outros. É o que ocorre no caso do crédito especial para os pequenos produtores da reforma agrária.

Há também outros créditos rurais liberados mediante comprovação de percentual de contrapartida de recursos próprios do produtor conforme a natureza e o interesse da exploração agrícola.

Exemplo: se um determinado produtor requer junto à instituição financeira um crédito rural de R$ 95.000,00 para aquisição de um veículo utilitário, e lhe for exigida, entre outras garantias, uma contrapartida de 10% desse montante, quanto ele deverá pagar? Em outras palavras, se 100% do recurso é R$ 95.000,00, quanto é 10%? Vejamos.

100% → R$ 95.000,00
10% → Contrapartida

então,

100   95.000
  ╳
 10   Contrapartida

daí,

$100 \times \text{Contrapartida} = 10 \times 95.000 \rightarrow 100 \times \text{Contrapartida} = 950.000 \rightarrow \text{Contrapartida} = \dfrac{950.000}{100} = 9.500,00$

Assim, a contrapartida a ser paga pelo produtor como condição para acessar o crédito almejado é de R$ 9.500,00.

Outra exigência feita pelos agentes financeiros é a apresentação do licenciamento ambiental das atividades que serão desenvolvidas com a participação do crédito acessado.

3.1.2.12 Seguro agrícola

O instrumento seguro agrícola instituído pela Política Agrícola é uma garantia que os produtores têm no caso de danos sofridos pelas suas áreas cultivadas, plantéis de animais ou em máquinas e benfeitorias agrícolas. Entre as atividade seguradas se incluem as florestais e as pesqueiras.

A existência desse seguro transmite para o produtor rural a mensagem de que as suas atividades agropecuárias são vitais para a sociedade e os sinistros, fenômenos naturais ou outro qualquer acidente que venham a causar danos às suas plantações e/ou a seus animais não são impedimentos para o prosseguimento das suas atividades.

O seguro agrícola de redução dos riscos sempre presentes na atividade rural segue as modalidades de seguros contra os riscos da agropecuária, que veremos a seguir.

Programa de Subvenção ao Prêmio do Seguro Rural (PSR)

O objetivo desse programa é assegurar estabilidade da renda agropecuária, reduzindo custos na contratação do seguro agrícola. Facilita o acesso do produtor ao seguro rural. Essa modalidade de seguro leva em conta os tipos de culturas, as espécies de animais, as categorias de produtores, bem como as regiões de produção.

Programa Fundo Garantia Safra

São beneficiados com esse programa os agricultores familiares amparados pelo Programa Nacional de Fortalecimento da Agricultura Familiar (Pronaf) da Região Nordeste ao Vale do Mucuri e Vale do Jequitinhonha, em Minas Gerais, e ao norte do Espírito Santo.

Programa de Garantia da Atividade Agropecuária (Proagro)

O Programa de Garantia da Atividade Agropecuária instituído pela Política Agrícola é disciplinado pelo Conselho Monetário Nacional e visa assegurar ao produtor rural:

» a cobertura integral ou parcial dos financiamentos de custeio da produção e os recursos que o produtor aplicou em custeio rural;

» descontos nas operação de crédito rural de custeio nos casos de ocorrência de fenômenos naturais e sinistros que comprovadamente atinjam os rebanhos e plantações;

» indenização de prejuízos causados em função da ocorrência de fenômenos naturais e sinistros que comprovadamente tenham atingido os rebanhos e plantações.

O Programa de Garantia da Atividade Agropecuária (Proagro) conta com:

- recursos originados da participação dos produtores rurais;
- recursos do tesouro do Estado;
- receitas de aplicações desses recursos (dos produtores rurais e do Tesouro).

Aqui vale lembrar: crédito pago gera crédito.

Fique de olho!

O Proagro não cobre as perdas da produção agropecuária ocorridas em função do descumprimento das normas da Política agrícola.

Proagro Mais

O Proagro Mais é o subprograma do Proagro que ampara as atividades agropecuárias da agricultura familiar, a qual tem o apoio de um dos instrumentos mais eficientes do mundo em termos de combate às desigualdades sociais, que é o Programa Nacional de Reforma Agrária. Falaremos mais sobre a agricultura familiar no item 3.1.5.

O Proagro Mais proporciona aos agricultores familiares:

- o perdão das dívidas advindas da dificuldade de liquidação de parcelas de financiamento em função de ocorrência de fenômenos naturais, pragas e doenças que atinjam as culturas agrícolas e os rebanhos;
- a restituição dos valores gastos devido à ocorrência de fenômenos naturais, pragas e doenças que atinjam as culturas agrícolas e os rebanhos;
- a garantia de renda mínima da produção agropecuária obtida com a ajuda de financiamento para custeio da produção.

3.1.2.13 Tributação e incentivos fiscais

Para atender as demandas da Política Agrícola no custeio das operações de crédito rural em todo o território nacional, é necessário um volume muito grande de recursos. Por isso, o poder público reúne recursos originários de várias fontes:

- programas oficiais de fomento;
- caderneta de poupança rural;
- empréstimos externos;
- recursos vindos de cooperativas de crédito rural;
- multas aplicadas a instituições financeiras pelo descumprimento de leis e normas de crédito rural;
- recursos do orçamento da União;
- outros recursos do poder público.

3.1.2.14 Irrigação e drenagem

A irrigação e a drenagem de solos se constituem em importantes práticas de controle da degradação ambiental. A irrigação possibilita o uso do solo durante maior tempo no ano. No período seco do ano, a prática de irrigação permite que o produtor continue cultivando a terra.

Já a drenagem do solo permite que os solos alagados sejam cultivados por maior tempo durante o ano, uma vez que a drenagem da água que excede deixa o solo disponível para cultivo.

Aqui vale destacar que na prática de cultivo de culturas no sistema irrigado, como é o caso do cultivo de arroz irrigado, deve-se atentar para a salinidade da água de irrigação a fim de que essa salinidade não torne o solo inadequado para cultivo. Diante dessa preocupação, a Política Agrícola instituiu a execução da política de irrigação e drenagem em todo o território nacional, especialmente nas de reforma agrária, nos projetos públicos de irrigação e áreas de comprovada aptidão para irrigação.

Na coordenação e execução do programa nacional de irrigação, o poder público, ouvido o Conselho Nacional de Política Agrícola (CNPA), executa as seguintes ações:

» estabelece normas visando ao aproveitamento racional dos recursos hídricos para a irrigação;

» articula a integração das ações de irrigação de todos os órgãos federais, estaduais, municipais, além de instituições públicas dos setores agropecuário e financeiro;

» cria linhas de financiamento ou incentivos especialmente para a agricultura irrigada;

» apoia estudos para a execução de obras de infraestrutura visando ao aproveitamento das bacias hidrográficas, áreas de rios perenizados ou vales irrigáveis, para o aproveitamento desses mananciais com culturas irrigadas.

3.1.2.15 Habitação rural

A Política Agrícola também contempla a criação da política de habitação rural, autorizando a União a prover recursos, oriundos da Caderneta de Poupança Rural, para a construção e a recuperação da habitação rural. Se o produtor ou empresa rural aplicarem recursos próprios na construção de habitação rural, o poder público estabelecerá incentivos como prêmio por essa iniciativa.

3.1.2.16 Eletrificação rural

A eletrificação rural amparada pelo poder público, com a participação dos produtores rurais e suas entidades associativas, é na verdade uma política nacional que engloba a eletrificação rural, reflorestamento energético e bioenergia (produção de combustíveis a partir de culturas plantadas).

Um exemplo de bioenergia é álcool utilizado como combustível de carro gerado a partir do processamento da cultura da cana-de-açúcar.

A Política Agrícola garantiu que o poder público desse prioridade às atividades de eletrificação rural, e as tarifas de compra e venda de energia elétrica devem ser compatíveis com os custos de prestação de serviços, ou seja, são estabelecidos tarifas diferenciadas horozonais e também incentivos para a geração de energia rural por formas associativas (cooperativas rurais) através da construção de pequenas centrais hidrelétricas e termelétricas de aproveitamento de resíduos agrícolas.

Para atender essas termelétricas, a Política Agrícola instituiu programas de florestamento e manejo florestal sustentável.

Fique de olho!

Tarifas horozonais: no presente caso, são garantidas tarifas com os benefícios de tarifas horozonais, ou seja, tarifas de preços melhores, que se ajustem às condições econômicas dos produtores rurais.

3.1.2.17 Mecanização agrícola

A mecanização agrícola amparada na Política Agrícola visando ao desenvolvimento sustentável da produção agropecuária alcança dimensões além dos limites do estabelecimento agropecuário, pois, a par da execução de várias obras dentro da propriedade, como construção de açudes, abertura de ramais e de canais de irrigação, garante a geração de empregos nas fábricas de máquinas agrícolas, renova o parque nacional de máquinas agrícolas, incentiva e propicia a evolução tecnológica da indústria, fortalece a pesquisa universitária, os serviços de extensão rural e, quando utilizada corretamente, promove a conservação do solo e o uso racional do meio ambiente.

3.1.3 Outros destaques da política agrícola

A Lei de Política Agrícola ainda prevê destaques especiais sobre medidas protetivas ao solo, combate à erosão que porventura venha destruí-lo, além de tratar de incentivos especiais ao produtor que cuida da proteção ambiental. A seguir, veremos quais são esses destaques.

3.1.3.1 O solo é patrimônio natural do país

O solo é utilizado permanentemente, portanto, deve ser manejado e conservado adequadamente. A lógica recomenda que aquilo que se retira do solo, através do cultivo de culturas agrícolas, deve ser devolvido por meio da correção do solo pela adição de calcário no processo da calagem e das adubações orgânica e química. Mas há no Brasil, mormente entre os pequenos produtores que cultivam o solo no nível de manejo A, pouca tradição em adubar o solo, e, levando-se em conta que os solos do País são predominantemente ácidos, o manejo adequado do solo se constitui ainda mais numa necessidade. Daí a importância de a Política Agrícola ter estabelecido o solo como patrimônio natural do País.

3.1.3.2 A erosão dos solos deve ser combatida pelo poder público e pelos proprietários rurais

Ainda tratando sobre o solo brasileiro, alerta-se sobre a importância de o combate à erosão dos solos ser implementada por todos, tanto poder público quanto produtores rurais.

Figura 3.1 – Solo exposto com início de processo erosivo.

Fique de olho!

A erosão consiste na desagregação das partículas do solo e seus transportes para serem depositadas nos leitos dos corpos d'água. Assim, o solo é destruído e os corpos d'água, assoreados.

3.1.3.3 Incentivos especiais

Recebe incentivos especiais do poder público o proprietário rural que:

» preservar e conservar as áreas de preservação permanente;
» recuperar áreas degradadas ou em fase de degradação;
» realizar plantio de mudas;
» criar unidades de conservação dentro da sua propriedade.

Os incentivos são os seguintes:

» prioridade na obtenção de crédito rural e de seguro agrícola;
» prioridade na obtenção de energização, irrigação, armazenagem, telefonia e habitação rural;
» preferência na prestação de serviços oficiais de assistência técnica e de fomento;
» preferência no fornecimento de mudas para recompor a cobertura florestal;
» apoio técnico-educativo no desenvolvimento de projetos ambientais.

3.1.3.4 Isenção de pagamento de imposto territorial rural

Ficam isentas de pagamento de imposto territorial rural as áreas dos imóveis rurais consideradas de preservação permanente e de reserva legal. Essa medida é providencial porque serve de incentivo para que o produtor rural cuide ainda mais dessas áreas que já são protegidas pela legislação ambiental por produzirem inúmeros serviços ambientais.

3.1.4 Desafios da política agrícola

Embora a Lei n.º 8.171, da Política Agrícola, que desde 1991 estabelece e consolida caminhos sobre todos os temas ligados à atividade agrícola, seja um importante divisor de águas, estabelecendo e consolidando caminhos sobre todos os temas ligados à atividade agrícola, ainda se convivem com muitos problemas, como por exemplo:

- » desperdícios de alimentos;
- » combate de pragas e doenças;
- » questões ligadas à área ambiental;
- » desmatamento ilegal;
- » oscilações nos preços agrícolas de exportação;
- » baixo aproveitamento das alternativas existentes nos estabelecimentos de agricultura familiar;
- » baixo aproveitamento dos produtos florestais através de planos de manejo florestal sustentável;
- » baixo aproveitamento da atividade pesqueira.

Mesmo com todos esses problemas, não se pode negar os avanços do setor agropecuário brasileiro, principalmente na inclusão de milhares de famílias no Programa Nacional de Reforma Agrária, as quais desenvolvem a agricultura familiar, gerando milhares de emprego, fixando o homem no campo e produzindo alimentos. Além disso, há a produção das grandes empresas agropecuárias, com forte participação na balança comercial brasileira devido a suas exportações, que são responsáveis por abastecer o mercado interno e produzir grande parte da produção adquirida pelo Governo para a formação do estoque regulador.

Fique de olho!

Sem a vultosa produção vinda do setor da agricultura familiar, o setor do agronegócio não apresentaria desempenho tão notável. A produção da agricultura familiar e a produção do agronegócio são complementares.

3.1.5 Política agrícola e reforma agrária

No Brasil atual ainda convivemos com sérios problemas fundiários. Mas esses problemas não começaram agora. A origem do latifúndio remonta à doação de grandes áreas de terras que o rei de Portugal fazia para que fossem cultivadas por quem interessasse. Todos que recebiam uma dessas áreas destinavam uma parte da produção para a Coroa portuguesa. Também as capitanias hereditárias doadas pelo rei de Portugal a pessoas importantes, no primeiro século do Descobrimento do Brasil, já eram os primeiros latifúndios.

> **Fique de olho!**
>
> Latifúndio:
>
> De acordo com o artigo 4.º, que dispõe sobre o Estatuto da Terra, latifúndio é definido como o imóvel que:
>
> a) exceda a dimensão máxima 600 vezes o módulo médio da propriedade rural de determinada zona.
>
> Exemplo: se em determinada zona ou região do Brasil o tamanho médio da propriedade rural é 50 hectares, um latifúndio nessa zona é maior que 50 × 600, então o tamanho do latifúndio nessa região excede 30.000 hectares, o que dará, por exemplo, uma área retangular maior que 15 quilômetros de frente por 20 quilômetros de fundos.
>
> Mas, com base nesse artigo, se nessa mesma zona ou região houver imóveis com áreas entre 50 hectares (tamanho médio da propriedade rural) e menores que 30.000 hectares (tamanho menor que o latifúndio naquela região), e eles estejam sendo explorados abaixo das suas possibilidades ou estejam sendo mantidos para fins especulativos, também são considerados latifúndio.
>
> Observação: quando se diz que os imóveis estão sendo "explorados abaixo das suas possibilidades" quer dizer que o imóvel não está tendo o aproveitamento eficiente conforme explicado no Capítulo 4, item 4.1.1, adiante.
>
> Capitanias hereditárias: ainda no primeiro século da ocupação portuguesa, o rei Dom João III, em 1534, distribuiu grandes lotes de terra para colonos – capitães donatários – de sua confiança. Eram as capitanias hereditárias, em número de quinze. Com essa transferência, vinham as responsabilidades de colonizar o Brasil e separar para o rei de Portugal uma parte da produção obtida.

Quando o Brasil se tornou independente de Portugal, os conflitos em torno da posse da terra se intensificaram. Aí prevaleceram a lei do poder econômico e muita violência. A Lei n.º 601 – a Lei das Terras de 1850 –, que dispunha sobre as terras devolutas do Império brasileiro, decreta no seu artigo 1.º que "Ficam prohibidas as acquisições de terras devolutas por outro titulo que não seja o de compra". Assim, dificultou a aquisição de terras pelos pobres, pois só os latifundiários podiam comprá-las.

No século XX, a concentração das terras continuou, na forma de latifúndios. Mas com o nascimento na sociedade de inquietações acerca da questão fundiária o Governo Federal começou a acenar com medidas voltadas para a democratização da terra. Essas medidas, no entanto, não foram concretizadas devido ao golpe militar de 1964. Nesse mesmo ano, entretanto, os militares já no poder fizeram publicar o Estatuto da Terra – a Lei n.º 4.504, de 1964. Esse Estatuto trouxe avanços como a criação do Instituto Brasileiro de Reforma Agrária.

Em 1966 foi instituído o primeiro Plano Nacional de Reforma Agrária, sem contudo se tornar efetivo na prática.

Em 1970 foi criado o Instituto Nacional de Colonização e Reforma Agrária (Incra). Nessa época o governo incentivou a reforma agrária, mormente a colonização da Amazônia, para onde migraram milhares de famílias de vários estados do Brasil, além de várias empresas, que ocuparam principalmente a Transamazônica.

Com o final dos governos militares e a redemocratização, o assunto reforma agrária voltou a ter maior destaque nacional, quando em 1985 foi publicado o Decreto n.º 97.766, que instituiu novo Plano Nacional de Reforma Agrária e apresentou 82.689 famílias assentadas em quase 4,5 milhões de hectares, números pequenos diante das metas propostas a partir do Decreto n.º 97.766.

Pelo histórico da questão da terra no Brasil, pode-se entender por que houve dificuldade de efetivação da reforma agrária, pois no ambiente democrático as discussões em nível de Congresso Nacional geram leis que têm que refletir o posicionamento de todos os congressistas, e entre eles há representantes que defendem a reforma agrária e os que não a defendem. Assim, chegou-se ao ponto de extinguir o Instituto Nacional de Colonização e Reforma Agrária (Incra) em 1987. Em 1989 o Incra foi recriado, mas os recursos orçamentários para a reforma agrária não vieram à altura das necessidades reclamadas pela sociedade.

Em 1996 foi criado o Ministério Extraordinário de Política Fundiária e, posteriormente, foi criado o Ministério do Desenvolvimento Agrário (MDA), ao qual pertence atualmente o Incra.

Esse breve histórico serve para se entender melhor as idas e vindas da reforma agrária brasileira.

A Política Agrícola trata da agricultura familiar de forma diferenciada em relação à agricultura de escala, na qual os grandes produtores estão inseridos. Esse tratamento é dado direcionando os pequenos produtores para a chamada agricultura familiar.

A atual agricultura familiar reúne os pequenos agricultores, camponeses, campesinos, ribeirinhos, caboclobolas e assentados da reforma agrária. A agricultura familiar reuniu esses grupos, ou seja, adotou-se essa terminologia – agricultura familiar – para denominar genericamente esses grupos. Todos esses grupos de maneira geral compreendem pequenos estabelecimentos familiares, ou seja, têm a família desenvolvendo as tarefas do lar e do trabalho produtivo diariamente. Eventualmente contam com a ajuda de terceiros, na forma de trabalhos na meia (ou de meia), que é quando as famílias trabalham na propriedade de um agricultor e em outro dia trabalham na propriedade de outro, ou então terceiros que trabalham recebendo pagamento de diária.

Figura 3.2 – Exemplo de agricultura familiar.

Os movimentos organizados que representam os agricultores familiares têm conquistado grandes espaços junto às instituições governamentais e têm influenciado algumas decisões importantes a respeito da Política Agrícola reinante no País. Todavia, a hoje chamada agricultura familiar, apesar da sua silenciosa e inegável importância, não tem tido o necessário reconhecimento, ou seja, não tem tido o necessário apoio, proporcional à sua importância no Brasil atual.

Se a agricultura familiar tivesse o reconhecimento proporcional à sua importância em termos de volume de produção, geração de renda e de emprego, os efeitos das políticas macroeconômicas não castigariam esse setor tão importante e que aproxima a Política Agrícola nacional da população rural mais dinâmica e merecedora de incentivos. Ao falar em incentivo nesse contexto, duas coisas ressaltam: primeiro, é que esse incentivo não é ajudar por ajudar. Pelo contrário, o incentivo é para que a agricultura familiar se fortaleça e torne o próprio País autossuficiente em termos de segurança alimentar.

A outra coisa é que há convivência entre os dois modelos de agricultura desenvolvidos no Brasil: a agricultura familiar e a agricultura de escala, dos grandes produtores.

Voltando à agricultura familiar, a Política Agrícola contempla a adoção de infraestrutura para o estabelecimento da família na unidade familiar. Porque já se reconhece que no estabelecimento familiar, além da produção para venda, há a produção para o consumo.

Porém, os programas da Política Agrícola se adaptam melhor a produtores que já têm uma estrutura mais consolidada. Os agricultores familiares, apesar de seus esforços comprovados, não dispõem de política agrária de importância do porte daquela dada para a Política Agrícola. Mas, pelos pressupostos exarados da lei que estabelece a Política Agrícola, haveria benefícios para todos os produtores. O problema é que ainda há espaço entre o que a Política Agrícola dita e a realidade no campo. O campo se desenvolveu? Sim. E muito. Mas na agricultura familiar ainda há muito o que se avançar. A agricultura de escala reclama mais terras e incentivos financeiros. Já a agricultura familiar, se recebesse mais tecnologia e mais crédito rural, teria um crescimento muito maior, muito mais visível e impactante no seio da população.

Se há necessidade de se investir na execução da reforma agrária, há que se reconhecer que a agricultura de escala também se desenvolveu. O agronegócio hoje tem sua parcela de contribuição para o desenvolvimento do País. Assim, os dois extremos rurais em que vive o Brasil atualmente não devem ser vistos dessa maneira, pelo contrário: a atividade agrícola como terminologia estabelecida pela Política Agrícola deve englobar agricultura familiar e as atividades dos grandes produtores do agronegócio.

Um ponto da Política Agrícola que não contribui para o fortalecimento da agricultura familiar é a adequação da agricultura aos objetivos do agronegócio, ou seja, o desenvolvimento da agricultura de exportação e a visão excessiva na obtenção de lucros, chegando-se até a utilização de sementes transgênicas.

Quanto à definição de fortalecimento da agricultura familiar, é necessário entender que uma das suas características é a diversidade. Por estar distribuída por todo o território nacional, a agricultura familiar detém diversas formas de cultivo da terra, diversas culturas, diversas espécies de animais etc. A riqueza genética preservada pela agricultura familiar é muito grande. Há comunidades com diversas formas de expressão cultural, que estão ligadas ao seu modo de vida e de produção. Um exemplo que já mencionamos anteriormente é o de lagos em que a comunidade não permite pescaria porque ali há uma cobra-grande. Essa crença é fundamental para que aquele lago seja um santuário ecológico, isto é, um local preservado para a reprodução das espécies que abastecerão os demais lagos onde a comunidade realiza sua pesca.

Essa identidade da agricultura familiar deve ser preservada, até porque, a partir de uma visão desenvolvimentista, é nesse meio da agricultura familiar que pode ser encontrado material genético para o desenvolvimento de futuras espécies produtivas.

O destaque da agricultura do agronegócio, além de gerar renda e divisas para o País e contribuir para o abastecimento e a regulação do mercado interno, se dá também porque ela é grande geradora de empregos, uma vez que em outros setores, principalmente os da indústria, há oscilação e até quedas nas taxas de emprego.

À medida que aumenta a produção dessa agricultura do agronegócio, e também sua importância no cenário nacional, aumentam inclusive mundialmente as preocupações com a preservação ambiental, e também com o aumento indiscriminado do desmatamento, principalmente na Amazônia.

Nesse ambiente são desenvolvidas as atividades do agronegócio.

3.1.5.1 Políticas públicas para a agricultura familiar

O peso político da agricultura familiar é mais pela sua importância social em termos de números de famílias distribuídos por toda a superfície do território nacional e de volume de produção e menos pela articulação política no Congresso Nacional.

Efetivamente, o que se tem em termos de políticas públicas para a agricultura familiar são os apoios originados da Política Agrícola.

A previdência e os benefícios sociais, representados por aposentadorias e bolsas mensais, distribuídas por milhões de famílias pobres beneficiárias, representam a política pública de maior alcance social no país. Esses benefícios têm ajudado milhares de famílias a saírem da linha de pobreza.

Assim, pode-se afirmar que esses benefícios são extremamente importantes na zona rural brasileira, principalmente para os pequenos produtores e suas famílias, mesmo porque os benefícios da Política Agrícola não foram pensados para alcançar exatamente esse grupo de produtores e não há no Brasil uma política especificamente agrária.

Os milhares de famílias rurais que recebem os benefícios da previdência social fazem com que a economia se movimente pela circulação de moeda. Em outras palavras, há inclusão social, ou diminuição das desigualdades sociais.

Programa Nacional da Agricultura Familiar (Pronaf)

Assim como os grandes produtores do agronegócio conseguem seus subsídios através da Política Agrícola, os pequenos produtores da agricultura familiar conseguiram a instituição do Programa Nacional de Fortalecimento da Agricultura Familiar (Pronaf). O Pronaf é uma das linhas de crédito para agricultores familiares mais subsidiadas do mundo. Os movimentos sociais ligados aos pequenos agricultores tiveram papel decisivo na institucionalização dessa linha de crédito subsidiada para esses pequenos agricultores.

Desafios no Pronaf

O sucesso de um empreendimento rural, especialmente os pequenos, depende de uma gestão baseada em princípios racionais e dados racionais. Essa gestão seguramente não depende só do acesso ao crédito, por mais subsidiado que ele seja.

Além do crédito, é necessário que o seu beneficiário esteja capacitado para aplicar corretamente esse crédito, o que depende da interpretação do conceito de agricultura familiar, que traz na sua definição a diversificação de suas atividades. Assim, a assistência técnica é fundamental, e tem por base dois princípios:

» os projetos a serem desenvolvidos junto às pequenas propriedades familiares devem buscar a diversificação, para otimização dos recursos ambientais;

» um projeto agropecuário sustentável deve nascer da aplicação das informações técnicas inerentes ao tema do projeto juntamente com as informações do produtor rural e os demais conhecimentos da assistência técnica.

Um exemplo de projeto agrossustentável é o cultivo de alface e couve com adubo orgânico fabricado na própria propriedade, cultivo esse que pode oferecer três produtos: alface e couve orgânicos, restos de folhagens para alimentação de animais, como por exemplos coelhos, e a outorga de título da propriedade como propriedade ecológica. Esse título pode garantir atração turística num momento em que a sociedade reclama de todos o desenvolvimento de atitudes voltadas para a preservação ambiental e o uso racional dos recursos ambientais.

Fique de olho!

Subsídio: subsídio, neste caso, é um benefício, um auxílio ou uma ajuda, concedido pelo Governo Federal, visando, por exemplo, a inclusão social dos beneficiários.

Para que se possa atingir, entretanto, o nível de desenvolvimento sustentável dos projetos desenvolvidos nas propriedades familiares, é necessário, como já dissemos, que a assistência técnica proponha e desenvolva projetos nessa modalidade.

Mas para que essa assistência técnica esteja preparada e motivada para contribuir com o desenvolvimento sustentável da propriedade rural é necessário que ela seja primeiramente capacitada nessa área de desenvolvimento sustentável. Sua motivação porém só estará completa com uma remuneração condizente com a importância do trabalho de assistência técnica desenvolvida nas propriedades rurais.

Faz-se mister, no entanto, registrar que esse trabalho de atualização/construção do conhecimento requer persistência e paciência, além dos recursos financeiros necessários. Estes, na verdade, são um dos investimentos mais lucrativos que existem. Uma aula prática adequadamente ministrada para um produtor o faz enxergar possibilidades em sua propriedade que dificilmente ele descobriria sozinho. Uma poderosa arma para aumentar o conhecimento tanto dos produtores quanto dos técnicos é a realização de visitas técnicas em localidades ou propriedades onde já se desenvolvem projetos semelhantes aos que serão desenvolvidos pelos produtores visitantes.

E quem cobrará todo esse apoio para que os produtores (familiares) sejam adequadamente capacitados para realizar o desenvolvimento sustentável?

Todo desenvolvimento sustentável só pode ser adequadamente implantado quando há o esforço de todos. Mas, em primeiro lugar, o produtor deve procurar uma entidade associativa, para, juntamente com os demais produtores, reivindicar as melhorias necessárias para o desenvolvimento sustentável de sua propriedade. Nesse particular, é importante destacar que os créditos para os assentados da reforma agrária têm os mesmos valores em todo o Brasil, mas muitos assentados não têm ideia de que há vários movimentos organizados de agricultores em embates permanentes para que o valor desses créditos não se deprecie. Inclusive, os próprios créditos, para serem instituídos, custaram muita articulação política dos movimentos organizados.

A primeira barreira que deve ser superada, então, é a do isolamento/individualismo. No momento em que o produtor reconhece a importância de se organizar através de uma entidade associativa, ele está ganhando força na conquista de suas reivindicações. Uma coisa é o produtor solicitar a prestação de assistência técnica para sua propriedade, outra coisa é uma entidade associativa composta de 20 agricultores associados fazer uma solicitação. Com certeza estes serão melhor e mais rapidamente atendidos.

E as demandas dos produtores são uma força importante para que o poder público, no seu planejamento, destaque orçamento para investir em assistência técnica.

Ainda sobre o tema assistência técnica, é importante lembrar que no campo há dois tipos principais de assistência técnica e extensão rural:

» a assistência técnica dos grandes produtores do agronegócio, empregados das empresas agrícolas, que são especializados nas áreas de atividades dessas empresas, como sejam, por exemplo: operadores de grandes colheitadeiras, aviação agrícola, monocultivos, pecuária de corte, produção de frangos etc.;

» a assistência técnica estatal, a qual é custeada pelo poder público para assistir os produtores da agricultura familiar. Essa assistência técnica é subdividida na parte diretamente estatal, que geralmente fiscaliza a segunda modalidade, que é a assistência técnica contratada para assistir, por exemplo, os assentados da reforma agrária.

O que se deve observar é que, com o avanço da tecnologia e as exigências em termos de preservação ambiental, os profissionais da assistência técnica devem ter, além do conhecimento tradicional inerente ao cultivo das culturas e criação de animais, conhecimentos na área de geotecnologia, como o sistema de posicionamento global (GPS) e noções de preservação ambiental e sua legislação. Evidentemente, as empresas de assistência técnica dispõem de equipes multidisciplinares justamente para atender os projetos das propriedades rurais de maneira sustentável.

Outra área que deve ter destacada atenção da assistência técnica é a área de desenvolvimento de atividades alternativas como turismo rural, beneficiamento de polpa de frutas, artesanatos, comércio de bens intangíveis, comércio de serviços ambientais como créditos de carbono, ecoturismo e outras.

Além dos profissionais que tradicionalmente fazem parte de qualquer equipe de assistência técnica e extensão rural, como engenheiros agrônomos, médicos veterinários, engenheiros florestais, técnicos em agropecuária e outros, devem compor a equipe profissionais como assistentes sociais, contadores, economistas, profissionais das áreas de comunicação, direito, *design*, *marketing* e outras.

Na assistência técnica, deve ser dada atenção especial à área de comercialização da produção, área a que muitas vezes não se dá o devido espaço.

> **Fique de olho!**
>
> Design: é a criação, o desenvolvimento, a elaboração, configuração e especificação de objetos a serem produzidos para o mercado.
>
> Marketing: é a organização de ações em torno de um produto que envolvem a criação, a comunicação e a entrega de um bem ou produto para os consumidores, de modo a beneficiar tanto a organização quanto esses consumidores.

Outra exigência para a materialização do desenvolvimento sustentável é a participação de instituições de ensino técnico e superior, pesquisa, assistência técnica e extensão rural, as escolas técnicas e universidades e organizações associativas de agricultores.

3.1.6 Agronegócio e questão agrária

Como já citamos, o setor agrícola brasileiro sempre sofreu transformações, e mais acentuadamente nos últimos vinte anos, quando o processo de introdução de tecnologia e recursos financeiros no campo permitiu o aumento da produção e da produtividade. Essa realidade trouxe consequências para os pequenos produtores rurais, ribeirinhos, agricultores familiares, quilombolas e caboclobolas.

Por um lado, esse avanço no quantitativo da produção traz, como já foi dito, contribuições decisivas para o aumento das exportações do País e para a manutenção do estoque regulador do Governo, estoque esse responsável direto pelo controle de preços dos alimentos.

Por outro lado, evidencia as diferenças marcantes entre os dois tipos de agricultura no mundo rural brasileiro: a agricultura do agronegócio e a agricultura familiar.

O estabelecimento do agronegócio só foi possível devido à utilização dos latifúndios como base para a modernização da agricultura visando à produção de alimentos. No entanto, esse estabelecimento não incluiu medidas para impedir a exclusão do homem do campo do processo de desenvolvimento rural, nem o êxodo rural. Isso porque esse agronegócio visa diretamente ao lucro. É uma iniciativa privada.

É importante sempre se ter em mente que cada setor deve buscar seu estabelecimento. Assim como o agronegócio se organiza em busca de lucro, o setor da agricultura familiar deve se organizar em busca de seus objetivos. Em outras palavras, setor nenhum deve esperar que o Governo venha trazer benefícios para atender suas demandas sem antes receber as reivindicações, porque a função dos governos é administrar os recursos públicos para toda a sociedade, e aí, na realidade, cada setor da sociedade deve se organizar para que suas reivindicações sejam atendidas e seus direitos garantidos.

Se a implantação do agronegócio tivesse ocorrido a partir de uma iniciativa governamental sustentável, ter-se-iam previsto instrumentos de inclusão social mais robustos na sua implementação. Mas isso não quer dizer que o agronegócio não gere inclusão social, porque a produção de alimento em si é questão de utilidade pública, de segurança alimentar.

Assim, a realidade rural brasileira de convivência do agronegócio com a agricultura familiar ocorreu com o desenvolvimento do agronegócio a partir da união da histórica base latifundiária com o capital e a introdução de tecnologia na atividade agropecuária, como enfatizamos, por iniciativa própria, e não como política governamental para o setor. E com as conquistas da agricultura familiar, inclusive essa terminologia (agricultura familiar), acontece a mesma coisa: todas ocorreram a partir da organização política das entidades associativas dos agricultores, que convenceram o poder público a aprovar incentivos para o desenvolvimento de suas atividades.

E as conquistas obtidas junto ao poder público para o desenvolvimento sustentável desses setores devem ser mantidas, e ainda estes devem se organizar para mantê-las e avançar na conquista de outros incentivos visando sempre àquele desenvolvimento. O agronegócio busca sempre o aumento da produção agropecuária, mas tem que se preocupar com a conservação do meio ambiente, e a agricultura familiar busca mais incentivos para a otimização da utilização sustentável dos fatores de produção disponíveis nas propriedades, como também para aprender a desenvolver produtos alternativos que, além de aumentarem a renda, otimizam o aproveitamento dos recursos naturais dessas propriedades.

Quando o desenvolvimento do agronegócio ocorre ao lado das pequenas propriedades da agricultura familiar, sem a intervenção do poder público, há inúmeras consequências danosas, pode-se dizer para ambos os lados. Vejamos:

» Ocorre o aumento da necessidade de dinheiro para o pequeno produtor devido à ocupação de grandes áreas de terras pela agricultura do agronegócio, pois muitos bens utilizados pelos pequenos produtores nas suas propriedades foram eliminados. Exemplo: da sua propriedade o pequeno produtor pesca o peixe para alimentação da sua família, cria animais para alimentação própria, além de comercializar o excedente etc.

» Ocorre a dependência do pequeno produtor em relação à utilização de insumos agrícolas, como, por exemplo, produtos químicos.

» Ocorre o envolvimento do pequeno produtor no sistema de produção do agronegócio. Um exemplo é o pagamento para utilização da pequena propriedade com o cultivo de silvicultura para atender os interesse de empresas produtoras de celulose. Aí o pequeno produtor passa a desempenhar o papel de um simples anexo da exploração industrial, e como agravante há a perda de sua identidade cultural como produtor rural, ficando à mercê das diretrizes do agronegócio. A sustentabilidade da sua agricultura familiar já não existe. Se por exemplo houver uma recessão mundial que afete aquele produto que ele cultiva na posição de anexo do agronegócio, esse ex-pequeno produtor sofrerá também as consequências dessa recessão, e com impacto muito maior do que se ainda estivesse no seu antigo sistema de produção familiar.

Há outras implicações advindas do aumento das áreas ocupadas com o agronegócio em relação às áreas ocupadas com a pequena propriedade familiar diante da realidade vivida por esta:

» Forte separação entre as classes sociais: pequeno produtor e grande produtor.

» Transformação de várias pequenas propriedades em anexos produzindo para as grandes empresas, submetendo assim os pequenos produtores.

» Inclusão dos pequenos produtores como consumidores dos produtos e insumos do agronegócio, em que se consomem defensivos agrícolas, grandes máquinas e até sementes transgênicas. Essa realidade se contrapõe à realidade dominante na propriedade familiar, cujo principal objetivo é a produção de subsistência, para atender a necessidade de consumo da família rural. Aí o acúmulo de capital vem em segundo plano.

» Como na pequena propriedade, não há trabalho assalariado, ou seja, não há venda de mão de obra. Quem paga salários são as empresas do agronegócio, pois as suas atividades econômicas visam ao lucro, e, para obtê-lo, essas empresas contabilizam todos os gastos feitos e, posteriormente, as receitas geradas com a produção. Estas geralmente são maiores do que os gastos, daí a geração de lucro.

» A produção na unidade familiar da pequena propriedade é proporcional ao número de membros na família: o aumento dos cultivos está relacionado ao número de consumidores da família, ao atendimento das demandas necessárias ao sustento da família, e não ao acúmulo de valores de capital.

Em outras palavras:

» A prática da agricultura familiar não se adapta diretamente ao modo de produção do agronegócio.

» Essa prática da agricultura familiar se baseia na força do trabalho da família, na realização das atividades na pequena propriedade rural.

» A realização de atividades rurais não agrícolas só ocorre quando membros da família são obrigados a empregar sua força de trabalho em outras atividades por algum motivo eventual. Exemplo: emprego de algum membro da família nas atividades de construção de uma escola municipal rural.

Quando se diz que a prática da agricultura familiar não se encaixa diretamente ao modo de produção do agronegócio, pretende-se que o leitor entenda que não é objetivo se estimular o distanciamento entre os dois sistemas. Pelo contrário, uma vez que a existência dos produtores do agronegócio e dos pequenos produtores da agricultura familiar é realidade, é fundamental que, além de se disciplinar a convivência dos dois sistemas, seja incentivado o aproveitamento de qualidades positivas dos dois sistemas. Isso é possível com a necessária intervenção do poder público. Um exemplo: há regiões do País, principalmente na região Norte, onde há a criação de bubalinos (búfalos) extensivamente em campos naturais. Às vezes esses animais são a união de grupos pertencentes a vários produtores. Quando a quantidade desses animais aumenta, eles invadem os igarapés e lagos, afetando a atividade de pesca dos pequenos produtores da agricultura familiar. Sobre esse problema, Oliveira (2004, p. 50,51) cita que:

> "A formação de pastagem tem que aumentar devido principalmente a dois fatores: o aumento da produção e a presença da pressão socioambiental que se anuncia, tanto por parte das colônias de pescadores, microprodutores que defendem a preservação de lagos, igarapés e rios, criadouros naturais de peixes [...] Este embate entre a pecuária, especialmente a bubalinocultura, pescadores, microprodutores, poder público e a sociedade como um todo é uma realidade inevitável. A população cresce, as demandas também. E todo mundo precisa de todo mundo".

Nesse caso, seria necessário, além de investimentos na formação de pastagens, o controle do número de bubalinos no campo. E medidas como essa são possíveis através da intervenção do poder público, porque é evidente que os criadores querem aumentar seus rebanhos, mas os pescadores querem continuar pescando. Assim, a convivência harmônica que produz a sustentabilidade depende da intervenção do poder público e de iniciativas voluntárias dos grupos envolvidos.

Também se chama a atenção para o fato de que a organização dos pequenos produtores em entidades associativas, como cooperativas, é uma forma de acesso desse grupo ao mercado para comercializar seus excedentes de produção, sem contudo descaracterizá-los como agricultura familiar. E, como já citado, o agronegócio pode aproveitar das pequenas propriedades a grande diversidade genética dos seus produtos, para o desenvolvimento de novas tecnologias.

3.1.7 O agronegócio e o desenvolvimento sustentável

Diante dos insuficientes investimentos na área de educação, o setor industrial não gera o número de empregos necessários para absorver toda a mão de obra disponível no País, pois o aumento nos níveis educacionais é pressuposto para o desenvolvimento tecnológico. Assim, o setor do agronegócio brasileiro se apresenta como uma das principais alternativas para a geração de emprego e renda, destacando-se a produção de soja, a criação de frango e a fabricação de equipamentos, implementos e máquinas agrícolas. Estamos aí diante de um moderno parque agroindustrial.

Mas não são só as pequenas propriedades rurais que precisam ser submetidas à gestão sustentável. As grandes empresas rurais do agronegócio também devem ser administradas de acordo com o desenvolvimento sustentável.

Como são empresas da livre iniciativa, ou seja, privadas, que buscam o lucro, as empresas rurais das grandes propriedades do agronegócio economicamente já são equilibradas, geram lucros, mesmo porque suas atividades recebem investimentos públicos, ainda que insuficientes.

Quando as atividades do agronegócio são desenvolvidas em bases sustentáveis, os pequenos produtores da agricultura familiar são beneficiados.

No entanto, devido aos investimentos públicos insuficientes, há problemas graves que impedem a otimização das atividades de produção do agronegócio, problemas esses principalmente na área de infraestrutura, como falta de ferrovias, hidrovias, rodovias, energia elétrica e telecomunicações e logística. Todos esses problemas causam perdas de capital, diminuição dos lucros, no momento em que ocorrem dificuldades no armazenamento e atrasos no escoamento da produção, ou seja, a logística não é eficiente.

Todos esses problemas são dificuldades para o desenvolvimento sustentável, pois este pressupõe o uso racional dos recursos ambientais. Ao serem estes assim usados, evitam-se as degradações ambientais. Estas, sendo efetivadas, atingem também as pequenas propriedades familiares, pois o meio ambiente é único. Os benefícios advindos da utilização dos recursos ambientais podem ser desfrutados por uma só empresa, mas os danos causados pelo mau uso desses recursos atingem a todos, se não forem explorados de maneira racional.

Quando se iniciou a expansão, agrícola do agronegócio no Brasil, não se imaginava ou não se vislumbrava o aumento global da preocupação com a degradação do meio ambiente. Esse expansão ocorreu inicialmente na Amazônia, mas veio se consolidar principalmente nos cerrados do Centro-Oeste.

Os principais produtos do agronegócio, base da sua agroindústria: pecuária extensiva de corte, a pecuária extensiva e de leite, agricultura extensiva como as culturas do milho e da soja, cana-de-açúcar e outros, fazem parte do grupo de produtos da agroindústria.

Se um pequeno produtor que trabalha na sua pequena propriedade ao lado de um plantio quilométrico de soja ou de milho, ou de uma pastagem extensiva onde pastam milhares de cabeças de gado, se deparar com tamanha riqueza, pode expressar diferentes reações, como por exemplo o sentimento de grandeza do agronegócio diante da sua pequena propriedade. Daí a necessidade de ação do poder público para harmonizar a convivência entre os dois sistemas. Esse poder público pode implantar um programa de ações junto às grandes propriedades do agronegócio e às pequenas propriedades familiares no sentido de estas trocarem tecnologias onde aquelas operacionalizem técnicas de preservação ambiental e as pequenas propriedades familiares implementem técnicas de administração (gestão) com base em dados reais.

Essa proposta se torna interessante dada a realidade fundiária do Brasil, onde convivem grandes e pequenas propriedades e onde o conceito de reforma agrária pode ter um significado diferente daquele conferido no resto do mundo (como veremos mais adiante). O mesmo se pode dizer das definições de grandes propriedades, que podem apresentar algumas variações. Por exemplo: latifúndios improdutivos que são indesejáveis do ponto de vista do desenvolvimento sustentável e latifúndios altamente produtivos, a serviço das agroindústrias, produzindo grãos e carnes para estas, ou outros sendo explorados através de manejo florestal sustentável.

Pode-se dizer que atualmente uma das vantagens do agronegócio brasileiro é a atração de mão de obra, inclusive das grandes cidades, onde se verificam os graves problemas estruturais de saneamento básico, desemprego e superpopulação. Mas sempre lembrando: as atividades do agronegócio e as da agricultura familiar são complementares. Aí pode-se afirmar que, se parte da mão de obra empregada nas atividades do agronegócio vem das grandes cidades, é porque falta essa mão de obra no campo. E isso é comprovação de que no campo há outras atividades além das atividades do agronegócio. Nelas estão as da agricultura familiar.

Atualmente, a logística insuficiente, especialmente em termos de armazenamento, transporte, vias e portos para escoamento, tem dificultado o desenvolvimento sustentável do agronegócio. Esse setor de logística deve ser o principal destino dos recursos públicos para ampliação da infraestrutura de escoamento da produção.

Os grandes investimentos financeiros e técnicos do poder público, juntamente com a iniciativa privada (grandes produtores), principalmente na região Centro-Oeste (mas não somente lá), têm transformado o País em uma grande base de exportações de *commodities* agrícolas, fundamentais para a economia como um todo.

Fique de olho!

Commodities: são mercadorias de importância mundial produzidas em vários países, por isso submetidas à alta competitividade e cujo preço não é definido pelo produtor e sim pelo mercado, de acordo com a oferta e a procura. Geralmente são negociadas em bolsas de valores internacionais.

As *commodities* são habitualmente substâncias extraídas da terra e que mantêm até certo ponto um preço universal.

Exemplos de *commodities*: minério de ferro, petróleo, sal, açúcar, café, soja, cobre, arroz, ouro e platina.

Para que o setor do agronegócio deixe de incorrer em perdas devido principalmente à logística de escoamento da produção, é fundamental que haja articulação de políticas públicas que repensem a produção e expansão agrícolas no País, adequando a demanda por infraestrutura de transportes para o escoamento da produção à racionalização e utilização adequada dos recursos ambientais e também ao aproveitamento dos inúmeros benefícios da agricultura familiar.

3.1.8 O Brasil e a reforma agrária

Como já citado, é necessário definir o melhor conceito de reforma agrária para o caso do Brasil atual, uma vez que a força do seu agronegócio e da sua agricultura familiar já apresenta um volume de conquistas que apontam solidamente para um desenvolvimento sustentável do País como um todo.

A expressão *reforma agrária* pode representar conceitos e posicionamentos bastante distintos.

Seu conceito varia entre aqueles que consideram as medidas implantadas pela Política Agrícola, como crédito rural, políticas de preços mínimos, assistência técnica, e outras benefícios, como sendo reforma agrária e aqueles que acreditam que a reforma agrária só ocorre quando é dissolvida a propriedade privada da terra para assentamento de agricultores que trabalharão na terra pertencente ao Estado.

O Brasil tem demonstrado ao mundo que é possível a convivência da produção de riquezas com a conservação ambiental e a preservação da diversidade de sistemas de produção. Ao longo da sua superfície continental, pode-se presenciar uma grande variedade de atividades que ocupam a sua população e lhe permitem sonhar com dias melhores.

E, se for preciso fazer reforma agrária nas terras improdutivas, ela pode ser feita dentro de marcos legais ou sob acordos entre as forças sociais interessadas, sem a ocorrência de questões sociais mais profundas.

Evidentemente há problemas a serem resolvidos em todos os setores.

A concentração da terra no Brasil na mão de poucos remonta ao seu descobrimento. As políticas do poder público, nas suas intervenções nas políticas fundiárias e agrárias, não têm surtido os efeitos necessários para ordenar o mapa da terra satisfatoriamente.

Assim, como alternativa principal, apresenta-se a reforma agrária.

Reforma agrária é uma expressão usada para descrever diferentes processos de distribuição da posse da terra para trabalhadores rurais, juntamente com os meios de produção para esses trabalhadores se desenvolverem a partir do cultivo da terra, fazendo com que esta cumpra a sua função social.

A luta pela implantação da reforma agrária, ou a busca por esse modelo de uso da terra, se dá porque, quando ela é corretamente efetivada, suas vantagens são duradouras e extrapolam as fronteiras rurais, beneficiando a sociedade como um todo, social, política e economicamente.

Isso ocorre em todas as partes do mundo em que já houve reforma agrária. Os ganhos sociais, econômicos, políticos e ambientais são geralmente positivos.

Por todo o Brasil onde ocorreu mais fortemente a reforma agrária, a qualidade de vida dos trabalhadores rurais e dos seus respectivos municípios melhorou. Observaram-se significativas alterações benéficas tanto sociais quanto econômicas. Com isso concordam todos os setores da sociedade como os beneficiários assentados, o governo e os movimentos sociais.

O desenvolvimento econômico em relação à situação anterior de domínio dos latifúndios também melhorou. Sem falar que o assentamento de famílias traz aumento das ações do governo para essa região.

Pode-se afirmar que o solo brasileiro está dividido em cinco pedaços:

1 – O solo ocupado pelas cidades, distritos, vilas e povoados, ou seja, áreas urbanas consolidadas e áreas de expansão urbana.

Essa porção do território nacional já está consolidada e tem suas próprias leis para ordená-la.

Entre as ferramentas de gestão utilizadas pelo produtor nessas áreas estão a observação das leis e normas municipais. E o responsável técnico pode orientar o desenvolvimento de atividades de horticultura, agroindústrias, turismo, produção de leite e derivados, como fabricação de queijo e manteiga etc., ou então trabalhar no sentido de adicionar tecnologia às atividades já existentes.

> **Amplie seus conhecimentos**
>
> Áreas com ocupações urbanas consolidadas compreendem as áreas onde existem pelo menos ruas, uma densidade populacional de mais de 12 habitantes por hectare, energia elétrica e/ou saneamento básico.
>
> Áreas de expansão urbana são utilizadas pelo poder municipal para planejar o crescimento da cidade.
>
> Conforme o artigo 2.º do Decreto n.º 7.341/2010, áreas de expansão urbana são:
>
>> "áreas sem ocupação para fins urbanos já consolidados, destinadas ao crescimento ordenado das cidades, vilas e demais núcleos urbanos, contíguas ou não à área urbana consolidada, previstas, delimitadas e regulamentadas em plano diretor ou lei municipal específica de ordenamento territorial urbano [...]".

2 – O solo ocupado pelas áreas protegidas (unidades de conservação da natureza, reservas indígenas, áreas do exército etc.).

As áreas protegidas também são regidas pelas leis ambientais.

Entre as ferramentas de gestão utilizadas pelo produtor nessas áreas estão a observação das leis e normas ambientais – pois há categorias de unidades de conservação em que podem ser desenvolvidas várias atividades, como agricultura de subsistência –, a exploração de plano de manejo florestal, a exploração de serviços ambientais, ecoturismo, extrativismo etc. Um exemplo são as reservas extrativistas, que são unidades de conservação de uso sustentável. Nessas unidades de conservação, o produtor (geralmente pequeno) não detém a posse individual da terra. Aí o regime de uso da terra é o de uso coletivo. Portanto, o responsável técnico deve iniciar a assistência técnica procurando o conselho gestor da respectiva unidade de conservação, pois cada unidade de conservação de uso sustentável tem um conselho gestor. Esse conselho, formado por membros dos órgãos públicos ambientais responsáveis pela unidade de conservação, representantes das entidades associativas que representam os produtores, é que elabora o plano de manejo da unidade de conservação. Nesse plano estão escritas as atividades que devem ser desenvolvidas dentro do perímetro dessa unidade de conservação.

Observação: a lei que disciplina o Sistema Nacional de Unidades de Conservação (SNUC) classifica as unidades em dois grupos: as de uso sustentável que podem ser exploradas através de plano de manejo, como no presente caso, as reservas extrativistas, e as unidades de conservação de proteção integral, em que pouquíssimas atividades podem ser desenvolvidas, como por exemplo pesquisa científica com autorização do órgão gestor da unidade. Não pode haver produtor com atividade dentro desse tipo de unidade de conservação. No caso de existir quando da criação da unidade de conservação, ele deve ser excluído.

3 – O solo ocupado pela agricultura familiar, incluídos aí os assentados da reforma agrária.

Entre as ferramentas de gestão utilizadas pelo produtor nessas áreas está a observação das leis ambientais e agrárias, além das leis e normas municipais. E o responsável técnico pode orientar o desenvolvimento de atividades de agricultura, pecuária para produção de leites e derivados como fabricação de queijo e manteiga, apicultura, piscicultura, horticultura, agroindústrias, turismo e outras.

4 – O solo ocupado pelo agronegócio.

As áreas ocupadas pelos grandes produtores do agronegócio são produtivas.

Entre as ferramentas de gestão utilizadas pelo produtor nessas áreas está a observação das leis ambientais e agrárias, além das leis e normas municipais. Nessas propriedades geralmente há o desenvolvimento de atividades de produção de grãos, produção de carnes, agroindústrias, com forte matriz tecnológica.

5 – O solo ocupado por grandes áreas públicas (da União, dos Estados e dos Municípios), onde se podem incluir grandes latifúndios improdutivos, alguns ocupados irregularmente. Esses são motivo de muitas críticas e conflitos no seio da sociedade.

Nessas críticas estão aquelas sobre a necessidade de ampliação da reforma agrária no Estado brasileiro.

Entre as ferramentas de gestão utilizadas pelo produtor nessas áreas está, inicialmente, a regularização fundiária de sua posse, e, no caso de agricultores sem terra para trabalhar, estes devem se organizar em entidades associativas e junto ao poder público buscando o cumprimento da função social dessas terras.

Mas a ampliação da reforma agrária, pode-se dizer gestão sustentável da terra, não é tão fácil de se efetivar, pois existem profundas e arraigadas divergências no posicionamento dos segmentos ligados à terra: poucos latifundiários que detêm a posse da maioria dessas terras e os agricultores e potenciais agricultores que reclamam a democratização do uso das terras. E entre os dois se encontra o Governo, que para deflagrar a continuação do processo de reforma agrária precisa de apoio do Congresso Nacional. Mas há um elemento importante nesse ambiente: a sociedade organizada. Pergunta-se então: o que almeja a sociedade brasileira em relação à utilização sustentável de suas terras?

> **Fique de olho!**

Regularização fundiária é uma expressão utilizada para o processo em que um cidadão documenta um pedaço de terra em seu nome.

Exemplo: se um produtor mora em uma porção de terra, nela trabalha mas não tem documento dessa terra, ele é chamado de posseiro, porque detém a posse daquela área. Mas se esse posseiro procura o órgão oficial de terras para obter o documento daquela terra em seu nome, ele está, na verdade, regularizando a terra em seu nome. Quando recebe o documento pretendido, ele vai cumprir as cláusulas (condições, exigências) relacionadas nesse documento. Cumpridas essas cláusulas, esse produtor retorna ao órgão oficial de terras para obter uma certidão de que cumpriu essas cláusulas. Obtida essa certidão, o produtor se dirige ao cartório de imóveis para solicitar o desmembramento dessa área das terras públicas e sua matrícula em seu nome. Feito isso, só então esse produtor pode dizer que é dono ou proprietário daquele imóvel. Antes ele era apenas posseiro.

Geralmente o documento da terra pretendido é o título definitivo sob condições (cláusulas) resolutivas. É no verso desse título que estão relacionadas esses cláusulas.

Seguem algumas cláusulas inscritas no verso do título definitivo que o posseiro ou produtor precisa cumprir para completar a regularização do pedaço de terra almejado:

» Utilização racional da terra de acordo com o seu aproveitamento eficiente (ver adiante, Capítulo 4, item 4.1.1).
» Utilização da área respeitando as leis ambientais.
» Pagamento de todas as parcelas referentes ao valor daquele pedaço de terra.
» Não alienar (transferir o domínio, ceder) a referida terra sem o consentimento do órgão de terras.
» Realizar o georreferenciamento do referido imóvel.

O georreferenciamento é a medição do imóvel rural onde se realiza o levantamento das suas características locacionais – limites e confrontações – por meio da identificação das coordenadas dos seus vértices definidores, georreferenciados ao sistema geodésico brasileiro coordenado pelo IBGE, com precisão posicional fixada em normas do Incra.

O trabalho de georreferenciamento é realizado de modo a impedir a sobreposição do perímetro do imóvel sobre os limites de outro imóvel contíguo.

Cercas entre imóveis, como a vista na Figura 3.3, servem para indicar a linha divisória (limites e confrontações) desses imóveis nos trabalhos de georreferenciamento. Tais linhas divisórias devem ser traçadas após a concordância dos proprietários (os posseiros) de ambos os lados.

Uma sequência necessária: um imóvel georreferenciado pode ser inscrito no Cadastro Nacional de Imóveis Rurais (CNIR) do Incra. Um imóvel inscrito no CNIR pode ser levado ao cartório para desmembramento da gleba (grande área de terra) pública e matriculado no nome do proprietário. Cumpridos esses requisitos, o produtor ou posseiro já pode dizer que é dono.

Figura 3.3 – Cercas separando imóveis.

Figura 3.4 – Um pequeno sítio.

Os estabelecimentos agropecuários ou imóveis rurais particulares podem ser chamados de: terreno rural, lote, lote rural, parcela, parcela rural, posse, retiro, rancho, sítio, chácara, fazenda etc. Porém o imóvel só se torna propriedade quando é matriculado no cartório, após ter sido submetido a todas as fases da regularização fundiária, conforme explicado.

Se todos buscam o bem-estar, e se esse bem estar depende da utilização das corretas ferramentas de gestão das terras, pode-se afirmar que no Brasil o conceito de reforma agrária deve ser construído a partir do conhecimento de como estão sendo utilizadas suas terras atualmente e que providências os grupos interessados na reforma agrária estão tomando para a sua ampliação, pois no país em que há o estabelecimento da reforma agrária há também a distribuição da renda e do poder, ou seja, posse da terra sempre foi sinônimo de concentração de poder e de renda. Então, quando se divide a terra, divide-se também o poder e a renda.

A defesa da reforma agrária é adotada por grupos organizados politicamente, que tomam esse importante tema como bandeira. Do mesmo modo, a concentração de terras pertence a um campo ideológico do fortalecimento da grande propriedade. Logo, o debate em torno da terra tende a ser polêmico. Isso se reflete nas leis agrárias, pois cada grupo se esforça para incluir artigos que protejam suas respectivas causas: uns querem a realização ampla da reforma agrária e outros querem a manutenção da concentração da terra.

Fica evidente, então, a necessidade de se transitar no espaço do consenso, da negociação, pois pode ser que a questão de terra no Brasil seja resolvida sem causar maiores traumas.

Pode-se conceituar *reforma agrária* como uma grande ação de redistribuição da propriedade da terra, que ocorre de forma programada, visando ao progresso econômico, político e social da sociedade, a começar no meio rural.

Esse progresso consiste no aumento do número de beneficiários de determinada área de terra, com a elevação da renda das famílias beneficiadas, a maior participação política do povo e a melhoria da sua qualidade de vida, ou seja, o avanço na democratização da sociedade.

Pode-se dizer que em cada país onde houve reforma agrária esta ocorreu de forma diferente, pois cada um possuía uma situação anormal específica, fosse de natureza religiosa, política, econômica ou social.

Ou seja, a deflagração da reforma agrária sempre está associada a um processo muito mais amplo de mudanças no país onde ocorre.

O certo é que o processo de reforma agrária sempre traz consigo profundas alterações nos rumos do país no qual ocorre, e geralmente no campo político há transformações sociais embaladas por doutrinas de cunho socialista em contraposição ao sistema capitalista, de concentração pessoal de bens.

Alguns países onde ocorreram reforma agrária são Cuba, Vietnã, Rússia, China e México, Japão e Coreia do Sul.

No Brasil, o tema foi uma das causas da deflagração do golpe militar de 1964. Sintonizado com os anseios populares, nesse mesmo ano o Governo Militar publicou o Estatuto da Terra – Lei n.º 4.504/64, que deu legitimidade para que fosse acelerado o processo de reforma agrária.

Outra medida subsequente e importante foi a criação do Instituto Nacional de Colonização e Reforma Agrária (Incra) em 1970. E não foi por acaso que esse instituto trouxe na sua nomenclatura tanto a expressão *reforma agrária*, quanto *colonização*, que perduram até os dias atuais.

E o que quer dizer o termo *colonização*?

Colonização é a ocupação de terras (no caso do Brasil) devolutas, desocupadas, por agricultores (colonos), transformando-as em colônias agrícolas.

E qual o benefício do poder público ao executar colonização em vez de reforma agrária? A colonização foi direcionada para áreas mais distantes e inóspitas, no caso a região amazônica naquela época (entre os anos de 1970 e 1980). Aí não se registram grandes conflitos de interesses com as grandes propriedades. Mas não significou sucesso na colonização porque as grandes distâncias somadas aos poucos investimentos diminuíram os efeitos benéficos da colonização.

Assim, o processo de colonização superou o processo de reforma agrária nas décadas de 1980 e 1990.

É importante observar que a expressão *reforma agrária* traz à tona a ideia de que a estrutura agrária (distribuição e uso da terra) deve sofre uma modificação, um ajuste, uma reforma. Já a colonização é processo pioneiro, em áreas onde ainda não fora implantada atividade agrossilvipastoril.

Amplie seus conhecimentos

O Estatuto da Terra (Lei n.º 4.504/1964), já no seu artigo 1.º, se refere tanto à execução da reforma agrária como a promoção da Política Agrícola, contemplando aí tanto a distribuição da terra e o fortalecimento das grandes propriedades rurais produtivas.

Quando esse artigo 1.º contempla tanto a expressão reforma agrária quanto a expressão Política Agrícola, transmite a mensagem de que no setor rural brasileiro devem coexistir a implantação da reforma agrária e o desenvolvimento das atividades agropecuárias nas grandes propriedades rurais.

No parágrafo 1.º desse mesmo artigo, o Estatuto da Terra define reforma agrária como:

> "o conjunto de medidas que visem a promover melhor distribuição da terra, mediante modificações no regime de sua posse e uso, a fim de atender aos princípios de justiça social e ao aumento de produtividade".

> Quando esse parágrafo cita a expressão *justiça social*, significa que a sociedade brasileira, mesmo sob regime de exceção (no caso o governo dos militares não escolhidos pelo voto popular), reconhece que não é justa a distribuição da terra no Brasil.
>
> Mas no parágrafo 2.º do mesmo artigo 1.º também define Política Agrícola como:
>
>> "o conjunto de providências de amparo à propriedade da terra, que se destinem a orientar, no interesse da economia rural, as atividades agropecuárias, seja no sentido de garantir-lhes o pleno emprego, seja no de harmonizá-las com o processo de industrialização do país".
>
> Por esse parágrafo pode-se ver que desde 1964 já se criavam condições para o desenvolvimento da agroindústria rural que hoje está instalada e em plena atividade.
>
> No parágrafo 2.º do artigo 2.º é estabelecido como dever do poder público:
>
>> "a) promover e criar as condições de acesso do trabalhador rural à propriedade da terra economicamente útil, de preferência nas regiões onde habita, ou, quando as circunstâncias regionais o aconselhem, em zonas previamente ajustadas na forma do disposto na regulamentação desta Lei".
>
> Pelo teor dessa letra a do parágrafo 2.º do artigo 2.º, observa-se a expressão em negrito *de preferência nas regiões onde habita*. Esse parágrafo traz obrigações para o poder público referente à realização da reforma agrária. E aí é que reside o grande embate, porque muitos agricultores preferem a terra na região onde habitam, como prevê mesmo essa Lei, mas muitas vezes a terra desejada para a realização de reforma agrária é objeto de interesse dos grandes latifundiários.
>
> E, finalmente, comenta-se aqui a letra b do parágrafo 2.º do artigo 2.º onde se lê:
>
>> "b) zelar para que a propriedade da terra desempenhe sua função social, estimulando planos para a sua racional utilização, promovendo a justa remuneração e o acesso do trabalhador aos benefícios do aumento da produtividade e ao bem-estar coletivo".
>
> Ao colocar a expressão *estimulando planos* em negrito, queremos chamar a atenção para o fato de o poder público também incluir no Estatuto da Terra a previsão de apoio às propriedades rurais no sentido de aumento da produção.

O que chama a atenção no Estatuto da Terra é o fato de ser uma lei considerada avançada para o seu tempo e para o momento de regime militar sob o qual vivia o Brasil, pois falava, por exemplo, na "melhor distribuição da terra [...] a fim de atender aos princípios de justiça social".

Vale dizer que até os dias atuais esse Estatuto se encontra em vigor.

3.1.9 A reforma agrária brasileira nos dias atuais

Findo o período dos governos militares (1964 a 1985), seguiu-se o início do período da redemocratização. E com ele foram organizados vários grupos ligados às questões agrárias.

Cita-se como um dos principais movimentos sociais a Confederação Nacional dos Trabalhadores na Agricultura (Contag), com atuação em todo o território nacional. O Grito da Terra Brasil, mobilização anual organizada pela Contag, tem como um dos seus principais objetivos a manutenção da reforma agrária como meta na programação de ações do poder público.

Outra importante organização para as lutas pela reforma agrária é o Movimento dos Trabalhadores Rurais Sem Terra (MST), formalizado em 1984. Com representações em todo o País, o MST se constitui até os dias atuais como um movimento que imprime grande pressão sobre o poder público em favor da reforma agrária.

Além dessas duas organizações, há outras organizações não governamentais que incluem na sua agenda o tema reforma agrária, como a Comissão Pastoral da Terra (CPT), por exemplo, que é um organismo de base católica, pertencente à Conferência Nacional dos Bispos do Brasil (CNBB), que busca a promoção de práticas alternativas dos trabalhadores contra o domínio econômico de grandes projetos e incentiva as várias formas de organização dos trabalhadores visando à conquista da terra e à realização de uma reforma agrária ampla etc.

A CPT também possui representação em quase todos os estados da Federação.

Se de um lado houve o fortalecimento e a criação de organizações que trabalham em favor dos trabalhadores e da efetivação de uma reforma agrária ampla, entraram em ação também as forças de resistência política das grandes propriedades contra a realização de uma reforma agrária mais ampla.

São entidades que representam essas grandes propriedades:

» Sociedade Rural Brasileira (SRB);
» União Democrática Ruralista (UDR);
» Confederação Nacional da Agricultura (CNA).

3.1.9.1 Governo Sarney

O governo do presidente José Sarney (1985-1990), o primeiro do período da redemocratização, criou, a partir de 1985, através do Incra, o Plano Nacional de Reforma Agrária (PNRA), prevendo assentar 1.400.000 famílias em cinco anos, o que não ocorreu devido aos embates contrárias à reforma agrária, atingindo apenas 10% da meta prevista.

Na Constituição de 1988, os detentores de grandes áreas de terras conseguiram que se escrevessem dispositivos que impedem a desapropriação da "propriedade produtiva" (inciso II, do artigo 185), sem porém se especificar quais os parâmetros que identificam quando uma propriedade é produtiva.

3.1.9.2 Governo Collor

O governo Collor (1990-1992) não atingiu a sua meta de assentar 500.000 famílias, pois não foi dada prioridade para a desapropriação de terras para fins de reforma agrária.

3.1.9.3 Governo Itamar Franco

No governo Itamar Franco (1992-1994) houve a publicação da Lei n.º 8.629/1993, que regulamentava dispositivos constitucionais sobre a reforma agrária, e da Lei Complementar n.º 76/1993, que dispõe sobre o rito sumário na desapropriação de imóvel rural, por interesse social, para fins de reforma agrária. Com essas leis foi resgatada a iniciativa de desenvolver projetos de reforma agrária.

Assim foi retomado o processo de desapropriações, através do Programa Emergencial, que previa o assentamento de 80.000 famílias, mas efetivamente foram assentadas em torno de 23.000 famílias.

3.1.9.4 Governo Fernando Henrique Cardoso

No governo Fernando Henrique Cardoso (1995-2002), percebeu-se um acirramento dos conflitos fundiários pelo Brasil, com destaque para o massacre de Corumbiara (RO), em 1995, e o massacre de Eldorado dos Carajás (PA), em abril 1996.

Nesse período, registraram-se:

- » O assentamento de cerca de 372.000 famílias.
- » A criação do Ministério do Desenvolvimento Agrário, que cuida da reforma agrária e da agricultura familiar.
- » A criação do Programa Nacional de Fortalecimento da Agricultura Familiar (Pronaf).
- » A realização do I Censo da Reforma Agrária, em 1996.

Pelo número de famílias beneficiadas no período pós-regime militar, observa-se que o governo Fernando Henrique Cardoso foi que mais assentou famílias no programa de reforma agrária, mas esse número diferenciado em relação aos demais presidentes não significou permanência das famílias no campo, devido à falta de investimentos adequadamente suficiente em infraestrutura, como estradas, casas, escolas, postos de saúde etc.

Mas apesar de todo o esforço dos governos do período pós-regime militar, pode-se afirmar que o conjunto da estrutura fundiária continua ainda apresentando grande concentração de terras na mão de poucas pessoas, ou seja, segue a tradição estabelecida no Brasil colônia, e a desigualdade na distribuição da terra também se confirma na distribuição da renda agrícola. Evidentemente, essa condição, por si só, não quer dizer que toda essa concentração é de terras que não cumprem a sua função social ou, como definem os detentores de grandes áreas de terras, de propriedades improdutivas.

Também houve a criação de atividades ligadas à reforma agrária, como a instalação de eletrificação, açudes, escolas, ramais, açudes, poços e postos de saúde nos assentamentos, além da criação de mais assentamentos. Para agilizar o processo de reforma agrária, foi aumentado o crédito para compra de terras para a realização da reforma agrária, facilitando assim o acesso à terra a mais agricultores sem terra, apesar de reações dos movimentos sociais, que reclamam que as terras de muitos proprietários deveriam ser distribuídas para os pequenos agricultores sem terra, pois as terras que estão sob o domínio de muitos desses produtores não cumprem a função social prevista na Constituição e ainda há porções que foram ocupadas irregularmente por esses produtores.

3.1.9.5 Governos Lula e Dilma

Nos governos Lula e Dilma (2003-2014), houve uma mudança no conceito de reforma agrária. Essa postura fica evidente na declaração do ex-presidente do Incra Carlos Guedes de Guedes:

> "Há regiões do Brasil em que a estrutura fundiária, gostemos ou não dela, as desenvolveu. E há outras onde a estrutura fundiária não cumpre sua função social e é um dos fatores da falta de desenvolvimento local. Por isso, temos uma prioridade de intervenção, diretamente relacionada a um dos grandes desafios do governo, a superação da pobreza extrema" [in: OJEDA, 2012]

Em outras palavras o que o ex-presidente do Incra está dizendo é que existem regiões em que o desenvolvimento veio por meio do agronegócio, desenvolvido a partir do aproveitamento eficiente da terra (estando aí incluídos os grandes latifúndios). Entretanto, que há outras regiões em há imóveis que não estão sendo explorados racionalmente, não cumprindo assim a sua função social. E esses são passíveis de sofrer intervenção governamental.

Outra declaração do ex-presidente do Incra diz respeito à elevação da qualidade de vida nos assentamentos da reforma agrária para o patamar em que se encontram os produtores da agricultura familiar. Estes são definidos por ele como:

> "um sujeito político e social muito relevante e reconhecido pelo conjunto da sociedade brasileira como produtor de alimentos para o mercado interno e como conservador da biodiversidade" [in: OJEDA, 2012].

De fato, há assentamentos da reforma agrária que precisam de infraestrutura, como estradas, transporte, assistência técnica etc., e quando falta esse apoio, não há desenvolvimento sustentável. Portanto, o desafio nesses casos é efetivar os investimentos necessários para que as famílias que recebem os lotes de terra passem a viver, no menor intervalo de tempo, da produção do seu lote.

O poder público deve decidir o momento certo de investir nos assentamentos, em moradia, em infraestrutura, assistência técnica, insumos etc. Não adianta, por exemplo, distribuir mudas três meses após a época de plantio, pois, além de não serem plantadas, ainda vão tomar o tempo do assentado, que tem que regá-las até a próxima época de plantio.

Outra decisão que o poder público tem que tomar é se assenta mais famílias ou se investe em infraestrutura nos assentamentos já criados. Vale destacar que anteriormente foram investidos recursos para a construção até de casas em assentamentos, que não foram aproveitados devido a essas construções não terem sido concluídas. Portanto, faz sentido o posicionamento do poder público quando defende o investimento nos assentamentos já implantados.

Assim, pode-se concluir que o alvo desses governos tem sido a manutenção da estabilidade econômica e a geração de empregos, com a maior contribuição do setor rural nas exportações da agroindústria a partir da produção de grãos e de animais nas grandes propriedades, ficando para a reforma agrária brasileira o papel de contribuição no programa de erradicação da miséria (pobreza extrema).

Observe-se ainda o que o Governo Federal, através do INCRA, do Ministério do Desenvolvimento Agrário (MDA), expressa na citação abaixo:

> "Agora, a prioridade não é a desapropriação ou a aquisição de terras para a reforma agrária, mas a regularização fundiária e o fortalecimento dos assentamentos através de políticas públicas voltadas à qualidade de vida dos assentados e assistência técnica para a produção. A reforma agrária deixa definitivamente de ser vista como mecanismo de redução da desigualdade e de promoção do desenvolvimento nacional para ser considerada como uma das ferramentas de erradicação da miséria em casos pontuais" (IPEA 2012).

Contribuem para esse posicionamento do governo as poucas ações dos movimentos sociais ligados à realização da reforma agrária, diante do seu histórico de lutas.

Vale salientar que o futuro de um agricultor sem terra contemplado com um lote da reforma agrária é ser um pequeno produtor, e, como tal, fará parte do sistema de produção que, indiretamente, beneficia o agronegócio, pois quanto mais aumenta a produção da agricultura familiar, mais produção do agronegócio fica disponível para exportação. Assim, o pequeno produtor, que inicialmente lutava pela distribuição da terra, agora trabalha para torná-la produtiva.

3.1.10 Desenvolvimento do Brasil rural

Pode-se afirmar que a grandeza do Brasil em termos de agricultura familiar, de atividades do agronegócio e de terras ociosas o habilita a efetivar uma reforma agrária única, que pode ser denominada de transformação agrária, na qual se preservem inclusive os povos quilombolas, os indígenas, e se absorva a grande maioria dos agricultores sem terra. Mas isso só é possível se partir do anseio do conjunto da sua sociedade.

Muitas são as vantagens do uso racional das terras. Vejamos algumas:

- » Criação direta de empregos a baixo custo na agropecuária, indústrias e setor de serviços.
- » Aumento da produção agropecuária.
- » Ampliação do potencial de aquisição de insumos (sementes, fertilizantes), máquinas agrícolas (tratores, arados, colhedoras e caminhões).
- » Maior circulação de moeda.
- » Maior aquisição de bens de consumo, como geladeira, rádio, televisão, mesa, sapato.

Para reforçar o tema do desenvolvimento sustentável no campo, pode-se dizer que a discussão sobre a reforma agrária brasileira depende essencialmente de dois pilares estratégicos, que são a coexistência de latifúndios, pequena propriedade e terras devolutas e uma produção rural sendo aí produzida sob vários sistemas: do plantio no toco (primitivamente), manualmente, até o cultivo altamente mecanizado.

Quanto ao desenho da estrutura fundiária, sua dinâmica reconhecidamente maior está nas mudanças imprimidas na sua forma de uso e não na sua geografia, ou seja, a diferença na concentração da terra não tem mudado significativamente. E isso está diretamente ligado à condição social da população.

Assim, a concentração de terra fortalece o agravamento das condições sociais de pobreza no Brasil, quando exclui uma maioria de agricultores. E essa condição afeta diretamente as demais áreas da vida brasileira, que são a economia e a política.

A agropecuária brasileira é portanto heterogênea, tanto em termos de divisão da terra como em termos de qualidade de vida, em que os poucos proprietários da terra desfrutam de um estilo de vida muito diferente daquele vivido pela maioria da população, que vive em péssimas condições.

Historicamente, o Brasil tem se caracterizado como um grande exportador de produtos agropecuários, enquanto nem sempre há disponibilidade de gêneros alimentícios para as camadas mais pobres da população. Também há a ocorrência de exploração predatória dos recursos ambientais, como desmatamentos e incêndios florestais, e ainda se verifica exploração de mão de obra em regime de escravização, e, quando não, observa-se a prática de trabalho sob condições precárias. Tudo isso ocorre logo no Brasil, onde há uma das maiores áreas agricultável do planeta.

Para concluir, pode-se dizer que versar sobre o tema reforma agrária é sempre emocionante. Entretanto, a razão do presente texto é trazer ao conhecimento do aluno a existência de ações de reforma agrária na história do Brasil e que é assunto sempre polêmico e presente.

O aluno deve saber da existência de embates constantes entre os que reclamam a execução ampla da reforma agrária e os que resistem a esse modelo de utilização da terra.

Tendo esse conhecimento, o aluno pode se posicionar corretamente ao desempenhar suas atividades profissionais, pois saberá como se conduzir, dependendo de onde está trabalhando. Se for trabalhar em grandes empresas rurais, contribuirá para o seu desenvolvimento sustentável, pois terá a ciência de que aquela terra tem que cumprir a sua função social; se for trabalhar no setor da agricultura familiar, deverá saber que aquela unidade de produção representa uma parcela importante da economia rural que deve ser preservada, e que a terra também deve ser adequadamente utilizada.

Também serve de base para que o aluno faça um prognóstico das oportunidades de mercado que utiliza mão de obra na área rural, que não está só no setor da agropecuária, do agronegócio ou nas suas agroindústrias, mas também no setor da agricultura familiar, de serviços ambientais, da reforma agrária.

Amplie seus conhecimentos

A gestão dos riscos na agricultura é item fundamental para o sucesso da Política Agrícola, pois é através da gestão dos riscos que se consegue mitigar os efeitos dos danos à agropecuária.

Para saber mais, acesse: <http://www.emater.pr.gov.br/arquivos/File/Biblioteca_Virtual/Premio_Extensao_Rural/2_Premio_ER/18_Gestao_Risco_Agric.pdf>.

Vamos recapitular?

Estudamos neste capítulo a Política Agrícola do Brasil, com destaque para as ações e instrumentos do planejamento agrícola, para a pesquisa agropecuária, a assistência técnica e extensão rural, a proteção ambiental no contexto da Política Agrícola e a defesa agropecuária. Vimos ainda a importância dos insumos agrícolas para a produção agropecuária, a idoneidade dos insumos agropecuários, a identidade dos produtos agropecuários para os consumidores, o sistema unificado de atenção à sanidade agropecuária e suas instâncias, o associativismo e o cooperativismo, os investimentos públicos e privados, o crédito rural e seus preceitos, a tributação e incentivos fiscais, entre outros temas relevantes no âmbito das políticas públicas agrárias brasileiras.

Agora é com você!

1) Cite três instrumentos da Política Agrícola.

2) Para qual grupo de produtores é assegurada assistência técnica rural gratuita?

3) Dê duas razões sobre o porquê de a proteção ambiental ser importante para a agropecuária.

4) A identidade dos produtos originados da agropecuária tem várias importâncias para os consumidores. Cite duas dessas importâncias.

5) Cite dois aspectos da importância do crédito rural no contexto da Política Agrícola.

6) Qual o setor mais importante da Política Agrícola: o agronegócio ou a agricultura familiar?

Levantamento do Potencial Regional

Para começar

Neste capítulo aprenderemos sobre o potencial agropecuário regional baseado na gestão sustentável.

Poderemos conhecer os objetivos da gestão sustentável do estabelecimento agropecuário a partir da coleta e do registro de informações sobre as atividades a serem desenvolvidas.

Esses objetivos se apoiam no planejamento de metas a serem alcançadas visando ao crescimento equilibrado do estabelecimento agropecuário.

Para isso, há que se ter uma gestão racional respaldada em assistência técnica, recursos humanos devidamente qualificados, insumos de boa qualidade, finanças sob controle, produção à pronta entrega, um bom sistema de informação e uma logística de venda para um mercado previamente definido.

A gestão sustentável do estabelecimento agropecuário deve sempre caminhar vendo dois espaços do mesmo ambiente: a região onde se encontra e o interior do estabelecimento, pois o desenvolvimento das atividades internamente depende dos recursos externos, incluídos aí os recursos tecnológicos, ambientais e o mercado consumidor dos produtos do empreendimento.

Mas é importante chamar a atenção para o fato de que o lucro do empreendimento é obtido não somente pela venda da sua produção, mas também pela maneira como são utilizados os recursos disponíveis na cadeia produtiva: de nada adianta se produzir muito gastando em excesso.

A otimização do uso dos recursos disponíveis começa com a postura do gerenciamento do estabelecimento. Esse gerenciamento deve ser alicerçado em suficiente conhecimento técnico, capaz de avaliar corretamente a situação econômica, social e os recursos disponíveis na região. Um dos pilares do estabelecimento agropecuário sustentável é a garantia de potencial de crescimento regional.

4.1 A produção de bem-estar

A produção obtida das atividades no estabelecimento agropecuário são os frutos. Esses frutos geram qualidade de vida, sendo utilizados diretamente ou sendo comercializados e gerando receita. Essa receita, sendo maior que as despesas geradas na produção dos bens (frutos), proporciona o tão cobiçado lucro.

Deve-se ter em mente que em um estabelecimento agropecuário há bens tangíveis e bens intangíveis.

Todo bem em que se pode tocar, pegar, é chamado de bem tangível. São os bens materiais. Exemplo: máquinas, casas, terrenos, instalações, casa, relógio e outros.

Já os bens intangíveis são bens imateriais nos quais não se toca. Não são matéria. Exemplo: marcas de produtos, direitos de uso de um bem pela tradição no mercado, nome comercial, clientela e outros.

Às vezes, existe um bem onde menos se espera. Um exemplo é o caso da servidão ambiental, criada pela Lei n.º 6.938/1981, que dispõe sobre a Política Nacional do Meio Ambiente.

No seu artigo n.º 9 essa Lei estabelece que:

> "O proprietário ou possuidor de imóvel, pessoa natural ou jurídica, pode, por instrumento público ou particular ou por termo administrativo firmado perante órgão integrante do Sisnama, limitar o uso de toda a sua propriedade ou de parte dela para preservar, conservar ou recuperar os recursos ambientais existentes, instituindo servidão ambiental."

Essa servidão ambiental consiste na separação de uma parte da área do estabelecimento rural onde não se pode fazer uso alternativo do solo, como por exemplo desmatar para cultivar flores. No máximo pode-se realizar nessa área o manejo florestal sustentável, o mesmo que se faz nas áreas de reserva legal.

Agora pergunta-se: e qual a vantagem econômica de se instituir servidão ambiental em parte da área do estabelecimento agropecuário?

Como visto no Capítulo 2, os benefícios dos recursos ambientais são muitos, mas no caso de uma área sob servidão ambiental o proprietário pode auferir mais benefícios ainda. Vejamos um caso:

Se uma determinada propriedade de 10 hectares situada na área de floresta da Amazônia Legal, devido a invasões clandestinas anteriores, só possui 6 hectares de área de reserva legal, então falta, portanto, uma área de 2 hectares de reserva legal para que essa propriedade atenda à exigência das leis ambientais, uma vez que, no caso de propriedades localizadas na Amazônia Legal, a área de reserva legal é de 80%. Para recompor a parte que está faltando, que são 2 hectares, o proprietário conseguiu que seu vizinho lhe alienasse uma área sob servidão ambiental de 2 hectares, que servirá para completar a cota obrigatória de reserva legal da sua propriedade. O proprietário pagou determinada quantia em dinheiro pela alienação da área.

Assim, nesse caso, a área sob servidão ambiental proporcionou ganho econômico ao vizinho do proprietário.

A busca do bem-estar ambiental nem sempre é tão difícil. Sua conquista começa com o conhecimento dos recursos e as possibilidades de geração de bens do estabelecimento agropecuário. Às vezes, há no empreendimento agropecuário colmeias produzindo mel com propriedades medicinais, espécies vegetais medicinais, minérios raros escondidos no solo, solos especialmente férteis, jazidas de nutrientes, fontes de águas termais etc.; e às vezes a riqueza da propriedade não é mineral, nem está em recursos ambientais abundantes, mas em sua situação geográfica privilegiada: ao lado de rodovia, ferrovia, rede elétrica etc. Ou às vezes, também, a fonte do bem-estar que será produzido pelo estabelecimento agropecuário é a existência de um emergente mercado consumidor nas redondezas.

Conhecimento, observação, paciência, pesquisa, persistência, planejamento, obstinação e audácia são algumas das qualidades do produtor agropecuário para executar o aproveitamento eficiente do seu estabelecimento agropecuário.

4.1.1 Aproveitamento eficiente do empreendimento

Se as atividades produtivas de um estabelecimento agropecuário são executadas com um máximo de produção, levando em consideração as orientações técnicas e as exigências das leis ambientais, e essa produção está sendo absorvida em tempo hábil pelo mercado local, diz-se que esse estabelecimento agropecuário está tendo um aproveitamento eficiente.

O mercado consumidor é peça fundamental para se definir o aproveitamento eficiente de um estabelecimento agropecuário. De pouco adiantaria a obtenção de produção se não houvesse mercado consumidor.

4.1.2 Finalidades e bens de um imóvel

Um imóvel é adquirido com determinado objetivo. Nem todo mundo que adquire um imóvel o faz para transformá-lo num empreendimento agropecuário. Assim, há imóveis adquiridos para:

» Exploração de turismo: comercialização do lazer. Há imóveis que são explorados comercialmente com ecoturismo.

Figura 4.1 – Área natural utilizada para prática do turismo de contemplação. Estado do Amapá.

Figura 4.2 – Arbusto florido na época da seca e com poucas folhas. Estado do Amapá.

» **Exploração de lazer:** divertimento e descanso.

Figura 4.3 – Ambiente aprazível na propriedade.

» **Exploração da atividade de criação comercial de animais.** Exemplo: carcinicultura (cultivo de camarão em cativeiro).

Figura 4.4 – Camarão oriundo da criação em cativeiro.

Levantamento do Potencial Regional 125

» **Exploração de agroindústria:** beneficiamento de produtos agropecuários e/ou florestais. Exemplo: artefatos de madeira e óleo de andiroba (*Carapa sp*).

Figura 4.5 – Artefatos de madeira.

A Figura 4.5 mostra alguns artefatos elaborados a partir do aproveitamento das sobras de madeira oriundas da atividade florestal, que podem ser mesas, cadeiras, tábuas para cortar carne e depósito de moedas e/ou recados.

Figura 4.6 – Óleo de andiroba (*Carapa sp*).

O óleo da semente de andiroba (*Carapa sp.*) é extraído das sementes coletadas de espécimes dessa planta, distribuídos em sua área de ocorrência na floresta. A extração desse óleo ocorre após as sementes passarem pelo processo de cozimento e, em seguida, de trituração e prensagem.

» Exploração diversificada: por exemplo, cultivo de frutas (fruticultura).

Figura 4.7 – Abacaxi (*Ananas comosus* L. Merril) e manga (*Mangifera* indica L).

» Exploração agrícola: cultivo de hortaliças como couve, alface e cheiro verde, por exemplo.

Figura 4.8 – Cultivo de hortaliças.

» **Exploração imobiliária:** divisão do imóvel em loteamentos destinados a habitação.

Figura 4.9 – Loteamento ocupado com habitações.

» **Exploração de silvicultura:** atividades comerciais de floresta cultivada.

Figura 4.10 – Cultivo de *Eucalyptus sp.*

» Exploração de piscicultura: criação de peixe em cativeiro (tanques).

Figura 4.11 – Tanque para a criação de peixes.

Cada tipo de imóvel deve desenvolver sua(s) respectiva(s) atividade(s) de acordo com o aproveitamento eficiente.

Todavia, diante da grande demanda por recursos ambientais, aliada ao aumento da população mundial, e ainda os graves problemas ambientais com grande quantidade de recursos ambientais desperdiçados, é altamente recomendável que se desenvolvam nos imóveis diversas atividades. Por isso o setor de agricultura familiar tem se sustentado, justamente, devido à execução de atividades complementares.

As atividades desenvolvidas nos estabelecimentos rurais produzem bem-estar através dos frutos e direitos.

Os frutos provêm da renda obtida com a comercialização da produção, parcerias, arrendamentos etc.

Os direitos são originários da cobrança das concessões de áreas para terceiros, por exemplo, desenvolverem atividades de produção, direitos de herança, direito de servidões (ver exemplo do item 4.1), direitos de posse e outros.

4.2 Gestão agropecuária

Gestão ou Administração agropecuária é um processo da Administração Rural que se manifesta através da tomada de decisões racionais dentro dos estabelecimentos agropecuários visando ao seu desenvolvimento sustentável.

Objetivando a obtenção da produção, a gestão agropecuária sustentável de um estabelecimento agropecuário leva em consideração:

- » a pronta comercialização da produção;
- » ação efetiva de comunicação e *marketing*;
- » a correta administração das suas finanças;
- » uma competente e motivada equipe de recursos humanos.

O caráter sustentável da gestão agropecuária quer dizer que o processo de gestão agropecuária:

- » satisfaz os objetivos esperados pelo agricultor e de sua família;
- » satisfaz os trabalhadores mediante pagamento de salário;
- » recolhe correta e periodicamente os tributos devidos;
- » desenvolve todas as atividades do estabelecimento agropecuário, observando as leis ambientais.

4.3 Estabelecimento agropecuário e comunidade

O grau de inserção do estabelecimento agropecuário dentro de uma comunidade é igual à inserção dessa comunidade na vida dessa empresa.

O produto produzido pelo estabelecimento agropecuário tem que ser exatamente aquele que a comunidade almeja consumir.

O estabelecimento agropecuário deve trabalhar diuturnamente para que sua relação com a comunidade se estreite dia a dia.

É na comunidade que a empresa vai buscar sua mão de obra, pesquisa preços, adquire insumos, obtém informações tecnológicas etc.

O sucesso empresarial do estabelecimento agropecuário consiste em a gestão saber utilizar as ferramentas disponíveis no momento certo. Essas ferramentas são os insumos para a obtenção da produção, uma equipe adequadamente treinada, um sistema de comunicação claro e a comercialização da produção em tempo hábil.

Mas a gestão do estabelecimento rural também deve estar atenta às transformações que ocorrem na sociedade em sua volta, para poder continuar tomando as decisões corretamente.

Exemplo

Se um estabelecimento agropecuário A produz carne defumada e outro estabelecimento agropecuário B, seu concorrente, por algum motivo diminuiu drasticamente a sua produção de carne defumada, então a administração do estabelecimento agropecuário A deve estar informada o suficiente de que aquela é uma oportunidade de aumentar o preço da sua carne defumada, uma vez que a oferta desse produto caiu na região em função da diminuição drástica da produção do empreendimento concorrente.

O contrário também pode ocorrer: em invés de uma queda drástica na produção do estabelecimento agropecuário B, este aumentou significativamente sua produção. Nesse caso, a administração do estabelecimento agropecuário A deve tomar medidas administrativas para evitar prejuízos nesse momento de maior oferta do produto carne defumada no mercado. Essa medidas podem ser: diminuição no ritmo da produção de carne defumada, revisão nos custos de produção e exploração de novos mercados.

Outro exemplo de como o ambiente externo influencia na dinâmica do estabelecimento agropecuário A é a falta de um insumo essencial importado. E aí a capacidade administrativa do administrador tem peso decisivo.

Vejamos: para entregar lotes de carne defumada na data prevista, o estabelecimento agropecuário A precisará embalar as porções de carne defumada com 8 dias de antecedência. E, para isso, tem que ter sempre embalagens novas disponíveis. Essas entregas se repetem a cada 20 dias. Então o gestor deve tomar a decisão de quantas embalagens deve comprar: se compra após cada entrega, ou se compra para atender duas entregas, uma vez que o fornecedor (ambiente externo) de embalagens já atrasou duas vezes a entrega das embalagens. Na gestão sustentável, os problemas devem ser satisfatoriamente resolvidos, pois o estabelecimento agropecuário tem compromissos com o bem-estar do seu proprietário, de sua família, com os empregados, com os consumidores, com o meio ambiente e com a sociedade em geral.

4.3.1 Ações que afetam o desempenho do estabelecimento

» Tradições culturais e sociais: por exemplo, dependendo das tradições da comunidade, há determinadas datas em que não se trabalha no estabelecimento agropecuário por aquelas serem referentes a feriado comemorativo religioso.

» Condição geral da economia do país: se a economia do país está estabilizada, com inflação controlada, o estabelecimento agropecuário tem melhores condições de planejar suas atividades, firmar contrato de compra de matéria-prima etc. graças às condições de estabilidade econômica, porém, no caso de desequilíbrio geral na economia, o estabelecimento agropecuário tem grande dificuldade de realizar suas compras, definir os preços dos seus produtos etc.

» Ações do poder público: os estabelecimentos agropecuários são submetidos em várias áreas aos normativos oficiais. São leis federais, estaduais e municipais que afetam a vida da empresa. Há até normas internacionais que afetam a empresa. Exemplo: se um determinado país compra carne suína do Brasil, e sendo o estabelecimento agropecuário B uma das empresas que contribuem com quota de carne suína para completar o lote de carne suína a ser exportada e de repente ocorre uma catástrofe naquele país, há o risco de esse país cancelar o contrato firmado com o Brasil para a compra de carne suína. Nesse caso, uma das empresas que perderá receita é o estabelecimento agropecuário B.

» Mão de obra: os empregados colaboradores do estabelecimento agropecuário são, na verdade, os responsáveis pela transformação dos insumos em produtos dentro da empresa. Mas pode ocorrer que eles deixem o estabelecimento agropecuário em troca de outras oportunidades. Em outras palavras, a mão de obra que está a serviço do estabelecimento agropecuário não depende exclusivamente da decisão do estabelecimento agropecuário para permanecer nela.

» Reivindicações sociais: há movimentos na comunidade que podem afetar o funcionamento do estabelecimento agropecuário.

Exemplo: os movimentos de greve em determinada cidade, de onde o estabelecimento agropecuário C importa insumos para suas atividades, impediram a liberação da carreta com os insumos encomendados. Assim, os movimentos sociais, mesmo não ocorrendo diretamente na comunidade do estabelecimento agropecuário C, afetaram suas atividades.

» Consumidores: todas as fases de desenvolvimento dos produtos do estabelecimento agropecuário são feitas pensando no consumidor. Portanto, suas preferências têm muita influência nas atividades do estabelecimento agropecuário.

» Concorrentes: as empresas concorrentes do estabelecimento agropecuário influenciam positivamente no seu funcionamento, pois estimulam a busca da produtividade. Mas também podem influenciar negativamente quando são mais desenvolvidas tecnologicamente, podendo, por isso, oferecer produtos a preços mais acessíveis ao consumidor.

» Suprimentos de bens: parte dos bens para o funcionamento do estabelecimento agropecuário vem de fora desse estabelecimento, principalmente o capital, materiais, equipamentos e outros. Para que o desempenho do estabelecimento agropecuário seja normal deve haver uma entrada organizada dos bens de que ele carece para funcionar.

4.4 Elementos principais do processo de gestão agropecuária sustentável

Um processo de gestão agropecuária sustentável deve conter no mínimo os que se seguem.

Comunicação

Num mundo em que as informações são renovadas a cada instante, é necessário que o produtor rural esteja, de alguma maneira, informado sobre o que está acontecendo em relação aos aspectos que envolvem seu produto. Por exemplo:

» Quais os mercados que importam o produto.
» Quais os principais exportadores do produto.
» Quais os meses de maior procura pelo produto.
» Quais os meses de maior oferta do produto.
» Quais os melhores preços de venda de insumos disponíveis no mercado.
» Quais os preços de mercado pagos pelo tipo de mão de obra utilizada pelo estabelecimento agropecuário.
» Qual os níveis de capacitação exigidos para a execução das tarefas do estabelecimento agropecuário.

> Quais os riscos enfrentados pelos concorrentes na produção do referido produto.
>
> Quais as vantagens comparativas da produção atual em relação à produção excedente que será incrementada.
>
> Quais os problemas enfrentados na comunicação do estabelecimento agropecuário: entre o produtor e os empregados do estabelecimento, entre estes e os clientes, entre o estabelecimento e os fornecedores e os órgãos públicos de apoio.

Esses e outros itens devem fazer parte da pauta de comunicação do estabelecimento agropecuário, o qual deve dispor dos benefícios da rede mundial de computadores – a internet.

Satisfação do cliente

Como já mostrado no Capítulo 3, a atividade agropecuária é, por natureza, uma atividade de risco. Mas um dos alicerces que sustentam essa atividade no estabelecimento agropecuário é o consumidor, que compra seus produtos, fazendo girar capital que mantém as atividades do estabelecimento agropecuário funcionando e gerando mais riquezas. O consumidor, cliente ou freguês, deve ser bem atendido no estabelecimento agropecuário. Assim ele sempre voltará para fazer nova compra.

Tomada de decisão baseada em dados técnicos

O produtor rural deve resolver trabalhar na produção de determinados produtos no seu estabelecimento agropecuário não porque seu vizinho, por exemplo, trabalha com aqueles produtos, ou porque em visita à cidade alguém lhe sugeriu que trabalhasse com eles. A decisão de trabalhar na produção de determinados produtos deve ser tomada após a análise de dados e indicadores de fontes idôneas. Além disso, deve-se comparar as atividades em estudos a alternativas de geração de renda que comprovem a viabilidade técnica, econômica e financeira.

Liderança

O produtor rural deve comandar sua equipe especificando as tarefas de cada membro e cobrando a execução de cada tarefa. Como líder, esse produtor deve agir à frente do seu empreendimento de maneira tal que inspire todos que o cercam a prosseguir no alcance das metas preestabelecidas.

Visão sistêmica

O produtor madruga cedo, pois deve conhecer profundamente todos os recursos disponíveis no seu estabelecimento, e também todas as atividades ali desenvolvidas, bem como a movimentação do mercado em relação aos produtos do seu estabelecimento.

Foco no resultado

O foco a ser perseguido não pode ser desprezado por outro no meio da caminhada.

Exemplo

Se após as devidas análises o estabelecimento agropecuário decide trabalhar com o cultivo soja e durante o preparo da área surge um boato de que a cultura do milho (*Zea mays* L) é mais rentável, o produtor deve se manter no foco de cultivar soja (*Glycine max* (L) Merrill), porque essa cultura foi submetida a estudos e seus indicadores analisados antes de ele começar os trabalhos de campo, ao passo que no caso do milho só houve boatos.

Desenvolvimento sustentável (econômico, social e ambiental)

O desenvolvimento sustentável do estabelecimento agropecuário começa com a atitude do produtor rural e sua família. O produtor e sua família não devem somente trabalhar e trabalhar. Devem também separar um momento semanal para o lazer e para realizar alguma ação em favor do meio ambiente. Agindo assim, poderão levar exemplos para a vida do seu estabelecimento agropecuário. Dessa forma, todos, produtor e empregados e, no que for cabível, colaboradores e consumidores, devem praticar o desenvolvimento sustentável, que é produzir utilizando adequadamente os recursos disponíveis, sem desperdícios e num ambiente de cordialidade e harmonia.

Também está incluído no desenvolvimento sustentável o aproveitamento da máxima utilização dos recursos disponíveis.

Exemplo

1) Se num estabelecimento agropecuário é desenvolvida a atividade de produção de leite, o produtor deve ter em mente que pode participar da atividade de produção de hortaliças aproveitando o esterco do gado que se acumula no curral.

2) Se o produtor comercializa caldo de cana, deve ter em mente que pode fazer composto orgânico com o bagaço da cana-de-açúcar, subproduto da sua atividade principal.

3) Um caso clássico de como o produtor deve fazer o reaproveitamento dos recursos disponíveis no seu estabelecimento é o da comercialização de ovos de galinha caipira, alimentadas com ração feita no próprio estabelecimento agropecuário à base de fécula de mandioca (*Manihot esculenta* Crantz) misturada com 10% de carne de coelho. Aí o produtor rural pode ainda comercializar a goma da mandioca (aipim) extraída da fécula (amido) antes de a esse ser incorporada a carne de coelho triturada, e também pode comercializar a pele do coelho para a indústria que beneficia couros. Além disso, os ossos desses coelhos podem ser adquiridos por fábricas de ração utilizada na piscicultura. E como alimento para os coelhos o produtor pode utilizar capim de corte e a folha da mandioca. Assim, o lucro, objetivo econômico maior do produtor agropecuário, é obtido não só através da comercialização dos ovos caipiras ecológicos, mas também da venda dos subprodutos tapioca (da mandioca) e pele e ossos (de coelho).

Flexibilidade

O produtor agropecuário deve ser flexível quando, por exemplo, surgir no seu estabelecimento agropecuário uma alternativa de geração de renda que combine um produto existente no seu estabelecimento e a demanda no mercado por esse produto. Outra flexibilidade que o produtor deve ter é quanto a aceitar conhecer novas tecnologias que venham simplificar seus processos produtivos.

4.5 Objetivos da gestão sustentável do estabelecimento agropecuário

A gestão sustentável do estabelecimento agropecuário proporciona ao produtor rural a segurança necessária para conduzir seu empreendimento dentro dos parâmetros mínimos de segurança, num universo tão arriscado como o da livre iniciativa, em que o mercado dita as regras e as mudanças ocorrem permanentemente.

Mas para isso é necessário esse produtor apoiar seu trabalho de gestão em alguns pontos, como veremos a seguir.

4.5.1 Coleta e registro de informações

Criar um banco de dados das atividades desenvolvidas por seu empreendimento através da coleta permanente de informações das atividades desenvolvidas.

Exemplo

Devem ser registradas quantidades de insumos adquiridos, seus preços, datas do pedidos, prazo de entrega, composição dos produtos adquiridos, marca, relação de telefones e endereço eletrônico dos colaboradores, tipos de insumos de produção própria, porcentagem deles em cada produto produzido, reclamação, exigências, cobranças e elogios dos clientes, recursos financeiros aplicados, frequência de encomenda dos produtos produzidos, quantidade de produtos produzida, volume de venda por cada mês, relação de clientes, número e localização dos estabelecimentos concorrentes etc. Todas essas informações devem ser organizadas em planilhas para depois serem analisadas.

Dessas análises são tiradas importantes informações que vão nortear as ações do estabelecimento agropecuário. Isso permite, por exemplo, que se analise o ambiente geral em torno desse estabelecimento, permitindo entender melhor as preferências dos clientes, os objetivos dos fornecedores (por exemplo, qual o mês em que os fornecedores poderão dar mais descontos nos seus produtos), os preços praticados pelos concorrentes, suas localizações e os produtos concorrentes oferecidos.

Assim, ao tomar uma decisão, o produtor rural não o faz empiricamente ou ao acaso, mas com determinado grau de fundamentação lógica, o que permite que ele identifique e aproveite oportunidades, se prepare melhor contra os riscos e acerte ao se adequar às tendências de seu negócio.

4.5.2 Definição de metas no estabelecimento agropecuário

De posse dos dados coletados interna e externamente, o produtor rural agora já pode avaliar suas metodologias de trabalho, a aceitação dos seus produtos pelo mercado, sua capacidade operacional atual e seu potencial de ampliação.

De posse das faculdades da flexibilidade e da visão sistêmica, e com os dados levantados do ambiente interno e externo do estabelecimento agropecuário, o produtor rural pode tomar várias decisões, como segue:

- » Ampliar seu negócio, ou seja, aumentar a produção.
- » Investir em bens de produção, como máquinas e equipamentos para modernizar sua unidade de produção.
- » Diminuir temporariamente sua produção atual.
- » Manter a produção atual e diminuir custos.
- » Produzir mais um tipo de produto.
- » Produzir outro tipo de produto e eliminar a produção atual.

Só o estabelecimento de metas já é um divisor de águas entre um produtor agropecuário que trabalha sob alto grau de instabilidade o outro que, por estabelecer metas para a sua gestão, consegue eliminar grande parte das incertezas e riscos da ativada agropecuária.

4.5.3 Planejamento das metas no estabelecimento agropecuário

Definida a meta a ser adotada pelo estabelecimento agropecuário, por exemplo, a meta de ampliação da produção atual para mais 20%, deve ser feito o planejamento a partir das informações armazenadas no banco de dados da empresa, adquiridas através da elaboração do diagnóstico e do conhecimento sistêmico do produtor rural.

No presente caso (ampliação da produção atual em 20%), deve-se quantificar:

- » Quantos funcionários devem ser contratados.
- » Quantas máquinas devem ser adquiridas ou alugadas.
- » Qual o tamanho da área que deve ser cultivada a mais.
- » Quais insumos devem ser comprados e quais as quantidades de cada um.
- » Quais quantidades de recursos ambientais serão utilizados. Caso as quantidades ultrapassem os limites permitidos pelas normas ambientais para serem exploradas no estabelecimento agropecuário, quanto vai custar a compra desse excedente.
- » O que pode ser economizado através da otimização do gerenciamento dos processos produtivos, entre outros.

4.5.4 O papel da assistência técnica no planejamento das metas no estabelecimento agropecuário

A materialização correta de um projeto agropecuário sustentável no estabelecimento agropecuário depende de vários fatores. O principal reside na iniciativa do próprio produtor rural, porém este precisa de assistência técnica para auxiliá-lo nessa tarefa.

A elaboração de um projeto agropecuário depende do produtor rural juntamente com a assistência técnica, isto é: se o produtor rural não consegue elaborar sozinho um projeto, a assistência técnica também não.

O sucesso de um projeto no estabelecimento agropecuário depende do acompanhamento da assistência técnica em todas as fases, desde a sua elaboração, implantação e execução. A assistência técnica reúne as informações necessárias para a implantação sustentável do projeto.

4.6 Gestão do estabelecimento agropecuário como um negócio

O estabelecimento agropecuário é o local de onde o produtor rural retira o sustento para sua família e, dependendo do volume das atividades, pode empregar vários empregados.

Todas as áreas do estabelecimento agropecuário fazem parte do negócio, inclusive o próprio estabelecimento, como um todo, pode ser negociado. Às vezes o próprio município onde está instalado o estabelecimento agropecuário é componente importante na formação do preço dos produtos.

Exemplo: numa feira de farinha, um grupo significativo de consumidores só comprava a farinha vinda da comunidade de Paciência. E por que essa preferência?

Porque os produtores de farinha da comunidade Paciência produzem há muitos anos um só tipo de farinha que agradou seus consumidores por causa daquele cheirinho característico, que só era encontrado naquele tipo de farinha. De modo que até produtores de outras comunidades tiravam proveito desse bem intangível (o nome da comunidade) dos produtores da comunidade Paciência. Ou seja, qualquer produtor que gritasse: "Temos farinha da Paciência!", venderia seu produto rapidinho. Pelo menos na primeira vez. Assim, o importante é ter em mente que a gestão do estabelecimento agropecuário recebe influência do ambiente ao seu redor, mas também influencia esse ambiente.

4.6.1 A gestão dos recursos humanos para o estabelecimento agropecuário

Em primeiro lugar, é importante esclarecer que os membros da família do produtor rural, ao trabalhar no estabelecimento, devem se sentir engajados com a produtividade desse estabelecimento, tanto quanto os demais empregados. Num estabelecimento de negócio, todos os envolvidos devem se engajar com afinco. Esse é um tipo de empreendimento que não tem dois lados: ou todo mundo ganha ou todo mundo perde.

O capital recursos humanos, por ser um importante fator de produção, deve sempre estar motivado no desempenho de suas funções. Por isso existem os planos de carreira, as classificações/

promoções, que se relacionam com as atividades desempenhadas pelos empregados no estabelecimento. É tarefa fundamental definir o número de funcionários do estabelecimento, suas funções/tarefas, visando chegar ao objetivo maior, que é a obtenção da produção e sua comercialização.

Exemplos de funções: motorista, empilhador, encarregado, vigia, supervisor, vaqueiro, tratador, secretária, diretor, comprador, vendedor, analista etc.

A função de analista é estratégica para o estabelecimento agropecuário, uma vez que é ele que analisa as informações fundamentais para o desenvolvimento do estabelecimento, tais como estoque de insumos e de produtos prontos para a venda, prevê as próximas compras, negocia as entregas etc.

A motivação dos empregados depende da postura ética dentro da empresa, no sentido de se premiar a produtividade, a disciplina, a assiduidade etc.

Para ocorrer a promoção de um empregado, deve-se atentar para suas qualidades, conforme citado anteriormente, e se no coletivo de empregados aquele candidato tem bom relacionamento. Evidentemente, o ideal é que o empregado tenha um mínimo necessário de todas as qualidades, pois promoção a cargo gera aumento de salário.

Quando um empregado gasta um pouco do seu tempo pensando no desenvolvimento do empreendimento agropecuário, é sinal de que a participação é estimulada, há oportunidade de capacitação continuamente, o que possibilita a obtenção de bons resultados para o estabelecimento agropecuário.

4.6.2 A gestão das compras e suprimentos para o estabelecimento agropecuário

O bom comprador é também repositor de estoques e sempre está vendo o que vai acontecer posteriormente. De posse da missão do estabelecimento agropecuário, que é a produção para venda, o comprador, negociador de ofício, detém o conhecimento de toda a dinâmica de suprimento. Ele sabe quais insumos tem que comprar para atender às necessidades do empreendimento, conhece os estoques, os volumes de estoque, a capacidade instalada para armazenamento dos estoque, o tempo que cada produto pode passar armazenado, ou seja, administra os estoques. O comprador deve saber quando a encomenda de embalagens vai chegar, quais os produtos, com suas quantidades, vêm na carga, os preços de venda desses produtos e os fornecedores e marcas mais competitivos. Visando sempre ao bom funcionamento do empreendimento agropecuário, o comprador pode até emprestar estoque de um concorrente caso sua entrega não chegue no prazo estipulado.

Observação: um estabelecimento agropecuário concorrente não é um inimigo, mas parceiro no respectivo ramo de atividade. A palavra concorrente aqui dá ideia de disputa, mas uma disputa de maneira honesta, concorrência com base no ganho de produtividade. O negociador tem uma lista de produtos com seus respectivos preços. Ele sabe qual foi o percentual de aumento dos produtos da sua lista de compras durante o último semestre.

4.6.3 A gestão das finanças para o estabelecimento agropecuário

O capital financeiro administrado pela direção do estabelecimento agropecuário é aquele necessário para o seu funcionamento.

Esse capital é administrado visando ao controle contábil da empresa. A administração do capital não admite gastos desnecessários. Assim, se não se pode comprar, por exemplo, insumos em quantidades abaixo da quantidade indispensável para o desenvolvimento das atividades da empresa, o controle do capital financeiro do estabelecimento também não admite a compra em excesso.

O controle contábil do capital financeiro persegue a meta de que os custos de produção sejam menores do que a receita da venda dos produtos do empreendimento.

Assim, a gestão do capital financeiro do estabelecimento contribui para a mitigação dos riscos financeiros.

4.6.4 A gestão da produção no estabelecimento agropecuário

Para haver produção juntam-se os recursos naturais do estabelecimento agropecuário no local em que eles vão ser processados, através das máquinas, ferramentas e a mão humana dos trabalhadores. Daí sai o produto para o mercado. Geralmente são os recursos ambientais com valor agregado.

Além da definição do processo de produção e o seu resultado, que é a obtenção do produto, a gestão da produção deve manter um sistema de acompanhamento do produto até seu destino final, que é a venda para o consumidor. Esse sistema avalia os resultados que servirão para ajudar na eliminação dos riscos nos próximos lotes produzidos.

4.6.5 A gestão da informação no estabelecimento agropecuário

O produto comercial obtido no estabelecimento agropecuário é, em si, uma fonte de informações.

O produto é o resultado da transformação de insumos e materiais de acordo com informações técnicas e de mercado.

As informações técnicas são originadas da pesquisa e da ciência e são repassadas para o setor de operações por meio da assistência técnica, que aplica essas informações na elaboração dos produtos. Os funcionários, ao utilizar as máquinas e ferramentas, aplicam as informações técnicas nas matérias-primas para gerar os produtos. Em outras palavras, essas máquinas e ferramentas são reguladas e bitoladas para materializarem os produtos de acordo com as especificações (informações) exigidas pelas recomendações técnicas, que nascem de informações extraídas do mercado, que por sua vez se originam de informações obtidas das relações dos consumidores com os produtos no mercado.

Em nível de gestão do estabelecimento agropecuário, quando se determina a produção de certa quantidade de um produto é porque já se sabe em que mercado ele será vendido, os preços de venda, a quantidade de produtos por cada comprador, qual será o custo total de produção, e também os custos setoriais. E são nesses custos setoriais que se trabalha para o aumento da produtividade, ou seja, procura-se ganhar competitividade.

Por esse texto pode-se depreender que um produtor bem-informado toma as decisões certas para que seu estabelecimento seja produtivo e sustentável. E isso é plenamente possível. Não quer dizer que o produtor rural tenha que conhecer cientificamente todos os campos que envolvem o desenvolvimento sustentável do seu estabelecimento, como o valor medicinal dos recursos naturais, a quantidade de biomassa disponível, as reservas nutricionais do solo etc. Mas ele tem obrigação de saber que qualquer atividade a desenvolver no seu estabelecimento deve ter a participação direta e indispensável da assistência técnica, para que o conjunto de informações necessárias para a obtenção da produção seja perfeitamente utilizado.

Quanto ao aumento da competitividade, por exemplo, cada processo componente da produção deve ser analisado para se encontrar onde ele pode ser simplificado. Exemplos:

1) Na análise periódica e sistemática dos processos produtivos do empreendimento Novo Tempo, foi detectado que os preços dos adubos químicos para o solo estão muito caros. Então foi feita uma reunião entre o produtor, a assistência técnica, o encarregado do setor de suprimentos e o trabalhador responsável pela aplicação direta do adubo.

Nessa reunião de trabalho surgiram três alternativas:

» Fazer nova pesquisa no mercado para encontrar adubos químicos a preços menores.
» Checar todo o processo de aplicação dos adubos para eliminar possíveis desperdícios.
» Verificar quais quantidades de adubos aplicadas podem sofrer diminuição.

Avaliadas as três alternativas, concluiu-se a princípio que se deveria mudar o fornecedor do adubo, comprando de um fabricante que vendera adubo para o estabelecimento anteriormente. Porém o trabalhador responsável pela aplicação direta do adubo lembrou que esse fabricante foi trocado porque a resposta em campo do adubo que comercializava se manifestou inferior à do adubo atualmente em uso. Então a assistência técnica encerrou a reunião, informando que posteriormente voltariam a tratar do assunto para resolvê-lo, pois com a informação lembrada pelo trabalhador responsável pela aplicação direta do adubo era necessário comparar as respostas de duas alternativas como segue:

1) Volume da produção com a aplicação dos adubos atuais, mais caros.
2) Volume da produção com a aplicação dos adubos mais baratos.

Exemplo

Se o volume da produção com a aplicação dos adubos da alternativa 1 (mais caros) gerar uma receita de R$ 800,00 e o preço total dos adubos for R$ 120,00, então se conhecerá o valor do adubo em cada unidade de receita da produção dividindo R$ 120,00 por R$ 800,00, o que dá R$ 0,15 gastos com adubos em cada R$ 1,00 de receita da produção.

- Se o volume da produção com a aplicação dos adubos da alternativa 2 (mais baratos) gerar uma receita de R$ 600,00 e o preço total dos adubos for R$ 108,00, então se conhecerá o valor do adubo em cada unidade de receita da produção dividindo R$ 108,00 por R$ 600,00, o que dá R$ 0,18 gastos com adubos em cada R$ 1,00 de receita da produção.

Assim, se considerados os preços das receitas geradas, a alternativa 1, que contempla a aquisição de adubos mais caros, se constitui na melhor alternativa para o estabelecimento rural.

4.6.6 A gestão das vendas do estabelecimento agropecuário

A apresentação do produto para o mercado consumidor é tarefa do setor de Marketing. Para isso a gestão de Marketing precisa conhecer o produto a fundo, inclusive suas fases de produção. Itens como peso, embalagem, teor de nutrientes, tempo de exposição no estande de venda, marca e outros devem ser conhecidos pela gestão de vendas do estabelecimento agropecuário. A gestão de vendas deve utilizar todos os meios de comunicação possíveis para vender o produto, definir as promoções, o preço e as formas de venda e também acompanhar a relação do cliente com o produto, medindo o nível de satisfação daquele em relação a este.

4.6.7 O estabelecimento agropecuário e o mercado

A conquista do mercado pelos produtos do estabelecimento agropecuário depende muito da idoneidade das informações de que dispõe. Assim se evitam erros decisivos para o processo de comercialização. Lembra-se que esse processo engloba a comercialização prévia de insumos e posteriormente da produção em si.

Quando o estabelecimento agropecuário compra insumos, está sendo consumidor, e como tal pode impor suas exigências, e isso só é plenamente possível a partir da utilização das informações corretas.

Quando expõe seus produtos ao mercado consumidor, que compreende as pessoas, empresas e instituições que consomem o produto ou serviço, o estabelecimento agropecuário já deve conhecer ao máximo seus consumidores e suas características, tais como gostos e preferências. O ideal seria conhecer o endereço de cada consumidor, afinal é lá que os produtos são consumidos.

Mas o estabelecimento agropecuário deve estimar quantos consumidores consomem regularmente seus produtos, e, mais, deve solicitar da assistência técnica estudos para saber até quanto pagariam por eles. Lembre-se de que no preço dos produtos podem ser agregados bens intangíveis como a marca (nome comercial) e atributos do próprio estabelecimento agropecuário, como, por exemplo, sua associação com a preservação do meio ambiente ou com a adoção de responsabilidade social, como por exemplo patrocínio de atletas, entrega sistemática de alimentos para abrigos de idosos.

Outra informação importante que a gestão do estabelecimento agropecuário precisa saber são as qualidades dos produtos ou serviços semelhantes e qual a fatia do mercado ocupada por eles. E, ao longo do tempo, precisa saber se esses produtos semelhantes estão conquistando mercado, e por que motivos. E também se seu produto está conquistando mercado e, em caso contrário, quais os motivos da perda.

Outra informação vital para a estabilidade da atividade do estabelecimento agropecuário enquanto vendedor dos seus produtos é ter o profundo conhecimento da sua rede de distribuição e quais os períodos de maior procura por esses produtos durante o ano.

Isso ajuda na programação de produção, pois antes desse período deve-se produzir ao máximo para aproveitar a maior demanda e durante o período de baixa procura pelo produto o estabelecimento deve evitar o máximo de custos.

O sucesso da comercialização dos produtos no mercado também depende de:

» Cumprimento dos prazos de entrega dos produtos para as unidade de distribuição.

» Conhecimento da existência de estratificação dos consumidores, ou seja, que porcentagem de consumidores está localizada na classe A, que porcentagem pertence à classe B e assim sucessivamente. Isso ajuda o desenvolvimento posterior de outros produtos a partir do produto original.

Exemplo

Poderá haver diversas classificações de arroz, como arroz classe 1, arroz classe 1 e arroz classe 3 etc. e também diversas classificação de leite: leite tipo A, leite tipo B, leite tipo C etc.

Cada tipo de produto pode ser exposto com um tipo de embalagem. Esta é importante porque se encontra entre o consumidor e o produto em si.

A embalagem deve ser um elo de união entre o consumidor e o produto.

Amplie seus conhecimentos

O aproveitamento eficiente da produção agrícola é medido por índices técnicos específicos de cada cultura agrícola cultivada, ou espécie animal manejada. Exemplo: se os órgãos oficiais, como a Empresa Brasileira de Pesquisa Agropecuária (Embrapa) estabelecer que a produtividade de certa variedade de *feijão* (*Faseolos* vulgaris L.) é de 2.800 quilogramas por hectare, então se em uma área forem produzidos 2.500 quilogramas dessa variedade de feijão por hectare essa área não está tendo aproveitamento eficiente.

O aproveitamento eficiente está previsto na Lei n.º 8.629/93. Para saber mais, acesse: <http://www.planalto.gov.br/legislação>.

Vamos recapitular?

Neste capítulo estudamos o levantamento do potencial regional para que o estabelecimento agropecuário se desenvolva com sustentabilidade. Foram abordados: a produção de bem-estar, o aproveitamento eficiente do empreendimento, a gestão agropecuária, as relações que afetam o desempenho do estabelecimento agropecuário interna e externamente, os elementos principais do processo de gestão agropecuária sustentável, os objetivos da gestão sustentável do estabelecimento agropecuário, entre outros temas.

Agora é com você!

1) Cite seis finalidades de um imóvel rural.

2) Se um produtor rural adquire um imóvel para transformá-lo num estabelecimento rentável, desenvolvendo as atividades de turismo rural e agricultura, em qual modalidade (finalidade) de exploração pode ser enquadrado esse imóvel?

3) Cite condições para que as duas atividades do estabelecimento citado na questão 2 tenham sustentabilidade, apontando condições internas e condições no ambiente externo.

4) O que leva em consideração a gestão sustentável de um estabelecimento agropecuário para a obtenção de sua produção?

5) Cite as ações que podem afetar o bom desempenho do estabelecimento agropecuário.

6) Que informações de mercado o produtor rural deve ter para uma boa aceitação dos produtos do seu empreendimento agropecuário perante a opinião pública?

Bibliografia

CEDIC PUC-SP. **Pastoral da terra – identificação**. Disponível em: <http://www.pucsp.br/cedic/colecoes/pastoral_da_terra.html>. Acesso em: 8 out. 2014.

GERD, S. **A qualidade dos assentamentos da reforma agrária brasileira**. São Paulo: Páginas e Letras Editora e Gráfica, 2003. Disponível em: <http://www.greenpeace.org/brasil/pt/O-que-fazemos/Amazonia/>. Acesso em: 26 set. 2014.

GONÇALVES, R. **Assentamentos como pactos de (des)interesses nos governos democráticos.** Disponível em: <http://www.pucsp.br/neils/downloads/v15_16_renata.pdf>. Acesso em: 8 out. 2014.

INCRA. **História da Reforma Agrária**. Disponível em: <http://www.incra.gov.br/reformaagraria_historia>. Acesso em: 8 out. 2014.

JUNIOR, M. A. M. Reforma agrária no Brasil: algumas considerações sobre a materialização dos assentamentos rurais. **Agrária**, São Paulo, nº. 14, pp. 4-22, 2011.

LANGANKE, R. **Espécies exóticas.** Disponível em: <http://eco.ib.usp.br/lepac/conservacao/ensino/conserva_exoticas.htm>. Acesso em: 26 set. 2014.

MEIRELLES FILHO, J. C. S. É possível superar a herança da ditadura brasileira (1964-1985) e controlar o desmatamento na Amazônia? Não, enquanto a pecuária bovina prosseguir como principal vetor de desmatamento. Boletim do Museu Paraense Emílio Goeldi. **Ciências Humanas**, v. 9, n. 1, p. 219-241, jan.-abr. 2014.

OLIVEIRA, I. M. **Serviços ambientais decorrentes da existência da Reserva Particular do Patrimônio Natural – Revecom no Município de Santana/AP.** Rio de Janeiro, 2010.

_____. **Serviços ambientais decorrentes da existência da Reserva Particular do Patrimônio Natural- Revecom no Município de Santana/AP**. Rio de Janeiro, 2010.

_____. **Desenvolvimento tecnológico do Estado do Amapá: uma perspectiva interessante**. Macapá, 2004. 81p.

OJEDA, I. **Reforma agrária perde fôlego na agenda nacional**. Disponível em: <http://www.ipea.gov.br/desafios/index.php?option=com_content&view=article&id=2866:catid=28&Itemid=23>. Acesso em: 5 nov. 2014.

PALÁCIO DO PLANALTO. **Legislação**. Disponível em: <http://www.planalto.gov.br/legislacao>. Acesso em: 8 out. 2014.

_____. **Lei Nº 12.651, de 25 de maio de 2012**. Disponível em: < http://www.planalto.gov.br/ccivil_03/_Ato2011-2014/2012/Lei/L12651.htm>. Acesso em: 21 jun. 2014.

SEPULCRI, O.; BARONI, S. A.; MATSUSHITA. M. S. **Processo de Gestão Agropecuária.** Empresa de Assistência Técnica e Extensão Rural do Paraná – Emater. Curitiba, 2004.

TERRA DE DIREITOS. **Sementes Transgênicas** – contaminação, royalties e patentes. Disponível em: <http://terradedireitos.org.br/2009/05/10/cartilha-sementes-transgenicas-contaminacao-royalties-e-patentes/>. Acesso em: 5 nov. 2014.

VILARDO, C.; MEDEIROS. R. **Curso de Perícia Ambiental** – Metodologias de Avaliação de Impactos Ambientais. Rio de Janeiro: Laboratório de Gestão Ambiental/UFRRJ, 2008. 63p.

YONG, C. E. F. **Curso de Perícia Ambiental** – Avaliação Econômica de Impactos e Danos Ambientais. Rio de Janeiro: Laboratório de Gestão Ambiental/UFRRJ, 2008. 50p.